文系数学入試の核心

新課程増補版

問題

Z会編集部 編

Z-KAI

文系数学入試の核心
新課程増補版

問題

Z会編集部 編

はじめに

本書は文系学部・学科を志望する受験生を対象とする，文系入試数学における頻出・典型問題を集めた問題集です。

2008 年の発刊以来，多くの先生方·受験生の皆様にご支持いただき，近年の文系入試で頻出の重要事項を，確実に，かつ効率よく身につけられるようにするための改訂を経て，今に至っています。

厳選された問題，回ごとに分かれた取り組みやすい構成，計画を立てるのに役立つチェックシート，理解を助ける「Process」と「核心はココ！」などの特長はそのままに，さらにパワーアップした内容になっています。

最後になりましたが，本書の制作に多大なるご協力をいただきました十九浦理孝先生，三浦聡文先生をはじめ，編集に関わってくださった皆様に，この場を借り厚く御礼申し上げます。

Z会編集部

新課程増補版について

新課程の入試対策として，学習する必要性が確実に高くなる「期待値」と「統計的な推測」の問題を計 3 題追加しました。
合わせて活用して，志望大学合格を勝ち取ってください。

チェック表

章	回	P	正解・不正解		日付
第1章 数と式，集合と論理	第1回	8	1	2	／
	第2回	9	3	4	／
第2章 式と証明，方程式と不等式	第3回	10	5	6	／
	第4回	11	7	8	／
第3章 整数	第5回	12	9	10	／
	第6回	13	11	12	／
	第7回	14	13	14	／
第4章 場合の数と確率	第8回	15	15	16	／
	第9回	16	17	18	／
	第10回	17	19	20	／
	第11回	18	21	22	／
	第12回	19	23	24	／
	第13回	20	25	26	／
	第14回	21	27	28	／
第5章 図形と計量，平面図形	第15回	22	29	30	／
	第16回	23	31	32	／
	第17回	24	33	34	／

章	回	P	正解・不正解		日付
第6章 いろいろな関数，図形と方程式	第18回	25	35	36	／
	第19回	26	37	38	／
	第20回	27	39	40	／
	第21回	28	41	42	／
	第22回	29	43	44	／
	第23回	30	45	46	／
	第24回	31	47	48	／
	第25回	32	49	50	／
	第26回	33	51	52	／
	第27回	34	53	54	／
	第28回	35	55	56	／
第7章 微分・積分	第29回	36	57	58	／
	第30回	37	59	60	／
	第31回	38	61	62	／
	第32回	39	63	64	／
	第33回	40	65	66	／
	第34回	41	67	68	／
	第35回	42	69	70	／
	第36回	43	71	72	／

チェック表

章	回	P	正解・不正解		日付
第8章 数列	**第37回**	44	73	74	／
	第38回	45	75	76	／
	第39回	46	77	78	／
	第40回	47	79	80	／
	第41回	48	81	82	／
	第42回	49	83	84	／
	第43回	50	85	86	／
第9章 ベクトル	**第44回**	51	87	88	／
	第45回	52	89	90	／
	第46回	53	91	92	／
	第47回	54	93	94	／
	第48回	55	95	96	／
	第49回	56	97	98	／
	第50回	57	99	100	／
補章 統計的な推測， 場合の数と確率（期待値）	—	58	❶	— —	／
	—	60	❷	❸	／

本書の構成と利用法

✦本書の構成

■厳選された100題

文系入試において「この解法は押さえておいてほしい」,「このタイプの問題はよく出るので慣れてほしい」という問題を厳選しました。また，文系入試における出題頻度を分析し,「微分・積分」「数列」「ベクトル」の3分野については他の分野より多めに収録しています。したがって，本書の100題を学習することで，文系入試の頻出・典型問題をバランスよく押さえることができます。

■ステップアップ式の2題が1回分

本書では，100題を1回2題×50回の構成にし，回ごとに難易度順に問題を配列することで，1回ごとの学習がしやすいようにしています。

また，問題番号の隣で問題の難易度を3段階で表示しています。難易度の見方は右の通りです。

Lv.★☆☆ やや易：目標解答時間15分
Lv.★★☆ 標　準：目標解答時間25分
Lv.★★★ やや難：目標解答時間35分

✦本書の利用法

■推奨する学習法…1日1回(2題)×50日

1回2題の全50回構成であり，1回あたりの学習時間の目安は約1時間です。したがって，1日1回2題ずつを解いていけば，全50回を50日で無理なく終わらせることができます。

■入試直前期や短期集中には…1日2回×25日

入試直前期などの残された時間が少ないときや，もっと短期間で集中して終わらせたい場合は，1日2回4題ずつを解いて，全50回を25日で終わらせるという取り組み方でもよいでしょう。

■苦手分野の回から

他にも，第1回から順番に学習するのではなく，注力したい分野が収録されている回から優先的に学習を進めていくという使い方も効率的です。

いずれにしても，無理のない計画を立てて学習を進めていくことが大切です。「問題編」の巻頭に「チェック表」を設けていますので，有効に活用してください。また，できなかった問題については繰り返し解くようにしましょう。本書に収録している問題はいずれも頻出・典型問題なので，確実に解けるようにしてから次のステップに進むようにしましょう。

第1章　数と式，集合と論理

第1回

1　Lv. ★☆☆

解答は12ページ

次の問いに答えよ。

（1）$a^2+b^2+c^2=1$ をみたす複素数 a, b, c に対して，$x=a+b+c$ とおく。このとき，$ab+bc+ca$ を x の2次式で表せ。

（2）$a^2+b^2+c^2=1$, $a^3+b^3+c^3=0$, $abc=3$ をすべてみたす複素数 a, b, c に対して，$x=a+b+c$ とおく。このとき，x^3-3x の値を求めよ。

（早稲田大）

2　Lv. ★☆☆

解答は13ページ

3種類の商品A，B，Cについて市場調査を行ったところ，500人から回答を得た。集計結果によれば，商品Aを買った人は224人，商品Bを買った人は237人，商品Cを買った人は266人であり，また，3種類とも買った人は20人，3種類の商品のどれも買わなかった人は9人であった。次の問いに答えよ。

（1）2種類以上の商品を買った人は□人である。

（2）商品A，B，Cのうち，3種類すべては買わなかったが，どれか2種類を買った人は□人である。

（3）商品A，B，Cのいずれか1種類だけを買った人は□人である。

（慶應義塾大）

3 Lv. ★★★

解答は15ページ

x, y を実数とする。下の(1)，(2)の文中の □ にあてはまるものを，次の(ア)，(イ)，(ウ)，(エ)の中から選べ。

(ア) 必要条件ではあるが，十分条件ではない。
(イ) 十分条件ではあるが，必要条件ではない。
(ウ) 必要条件であり，かつ，十分条件である。
(エ) 必要条件でも，十分条件でもない。

(1) $x^2+y^2<1$ は，$-1<x<1$ であるための □

(2) $-1<x<1$ かつ $-1<y<1$ は，$x^2+y^2<1$ であるための □

(関西大改)

4 Lv. ★★★

解答は16ページ

次の各設問に答えよ。

(1) ① $\sqrt{2}$ が無理数であることを証明せよ。

② 実数 α が $\alpha^3+\alpha+1=0$ をみたすとき，α が無理数であることを証明せよ。

(2) ① n を自然数とするとき，n^3 が 3 の倍数ならば，n は 3 の倍数になることを証明せよ。

② $\sqrt[3]{3}$ が無理数であることを証明せよ。

(明治大)

第3回

5 Lv.★★★

解答は18ページ

3次方程式

$$x^3-2x^2+3x-4=0$$

の3つの解を複素数の範囲で考え，それらをα，β，γとする。このとき，$\alpha^4+\beta^4+\gamma^4$の値は［　　］である。また，$\alpha^5+\beta^5+\gamma^5$の値は［　　］である。

（慶應義塾大）

6 Lv.★★★

解答は20ページ

$\alpha=\dfrac{3+\sqrt{7}\,i}{2}$とする。ただし，$i$は虚数単位である。次の問いに答えよ。

（1）αを解にもつような2次方程式$x^2+px+q=0$（p，qは実数）を求めよ。

（2）整数a，b，cを係数とする3次方程式$x^3+ax^2+bx+c=0$について，解の1つはαであり，また$0\leqq x\leqq 1$の範囲に実数解を1つもつとする。このような整数の組$(a,\ b,\ c)$をすべて求めよ。

（神戸大）

第4回

7 Lv. ★★★

解答は22ページ

（1）x の整式 $p(x)$ を $x-3$ で割った余りは2，$(x-2)^2$ で割った余りは $x+1$ である。$p(x)$ を $(x-2)^2$ で割った商を $q(x)$ とするとき，$q(x)$ を $x-3$ で割った余りを求めよ。

（2）$p(x)$ は（1）と同じ条件をみたすものとする。このとき，$xp(x)$ を $(x-3)(x-2)^2$ で割った余りを求めよ。

（鹿児島大[改]）

8 Lv. ★★★

解答は23ページ

以下の問に答えよ。

（1）正の実数 x，y に対して

$$\frac{y}{x}+\frac{x}{y}\geqq 2$$

が成り立つことを示し，等号が成立するための条件を求めよ。

（2）n を自然数とする。n 個の正の実数 a_1，…，a_n に対して

$$(a_1+\cdots+a_n)\left(\frac{1}{a_1}+\cdots+\frac{1}{a_n}\right)\geqq n^2$$

が成り立つことを示し，等号が成立するための条件を求めよ。

（神戸大）

第5回

9 Lv.★★★

解答は25ページ

p，q，r は不等式 $p \leqq q \leqq r$ をみたす正の整数とする。このとき次の各問に答えよ。

（1）$\dfrac{1}{p}+\dfrac{1}{q}=1$ をみたす p，q をすべて求めよ。

（2）$\dfrac{1}{p}+\dfrac{1}{q}+\dfrac{1}{r}=1$ をみたす p，q，r をすべて求めよ。

（鳥取大）

10 Lv.★★★

解答は26ページ

3 以上 9999 以下の奇数 a で，a^2-a が 10000 で割り切れるものをすべて求めよ。

（東京大）

11 Lv. ★★★

解答は27ページ

a, b, c を正の整数とする。

（1）a^2 を 3 で割った余りは 0 または 1 であることを示せ。

（2）$a^2+b^2=c^2$ を満たすとき，a, b, c の積 abc が 3 の倍数であることを示せ。

（3）$a^2+b^2=225$ を満たす a, b の値を求めよ。

（関西大）

12 Lv. ★★★

解答は29ページ

（1）p, $2p+1$, $4p+1$ がいずれも素数であるような p をすべて求めよ。

（2）q, $2q+1$, $4q-1$, $6q-1$, $8q+1$ がいずれも素数であるような q をすべて求めよ。

（一橋大）

第7回

13 Lv. ★★☆

解答は31ページ

7進法で表わすと3けたとなる正の整数がある。これを11進法で表わすと，やはり3けたで，数字の順序がもととちょうど反対となる。このような整数を10進法で表わせ。

（神戸大）

14 Lv. ★★☆

解答は32ページ

（1）自然数 a，b，c，d に $\dfrac{b}{a}=\dfrac{c}{a}+d$ の関係があるとき，a と c が互いに素であれば，a と b も互いに素であることを証明せよ。

（2）任意の自然数 n に対し，$28n+5$ と $21n+4$ は互いに素であることを証明せよ。

（大阪市立大）

第4章　場合の数と確率

第8回

15 Lv.★★★

解答は33ページ

何人かの人をいくつかの部屋に分ける問題を考える。ただし，各部屋は十分大きく，定員については考慮しなくてよい。

（1）7人を二つの部屋A，Bに分ける。

（i）部屋Aに3人，部屋Bに4人となるような分け方は全部で［アイ］通りある。

（ii）どの部屋も1人以上になる分け方は全部で［ウエオ］通りある。そのうち，部屋Aの人数が奇数である分け方は全部で［カキ］通りある。

（2）4人を三つの部屋A，B，Cに分ける。どの部屋も1人以上になる分け方は全部で［クケ］通りある。

（3）大人4人，子ども3人の計7人を三つの部屋A，B，Cに分ける。

（i）どの部屋も大人が1人以上になる分け方は全部で［コサシ］通りある。そのうち，三つの部屋に子ども3人が1人ずつ入る分け方は全部で［スセソ］通りある。

（ii）どの部屋も大人が1人以上で，かつ，各部屋とも2人以上になる分け方は全部で［タチツ］通りある。

（センター試験）

16 Lv.★★★

解答は35ページ

xy 平面上に $x=k$（k は整数）または $y=l$（l は整数）で定義される碁盤の目のような街路がある。4点 $(2,\ 2)$，$(2,\ 4)$，$(4,\ 2)$，$(4,\ 4)$ に障害物があって通れないとき，$(0,\ 0)$ と $(5,\ 5)$ を結ぶ最短経路は何通りあるか。

（京都大）

17 Lv. ★★★

解答は36ページ

a, a, b, b, c, d, e, f の8文字をすべて並べて文字列をつくる。文字 a と文字 e は母音字である。

（1）文字列は全部で何通りできるか。

（2）同じ文字が連続して並ばない文字列は何通りできるか。

（3）母音字が3つ連続して並ぶ文字列は何通りできるか。

（4）母音字が連続して並ばない文字列は何通りできるか。

（同志社大）

18 Lv. ★★★

解答は38ページ

5桁の自然数 n の万の位，千の位，百の位，十の位，一の位の数字をそれぞれ a, b, c, d, e とする。次の各条件について，それをみたす n は，何個あるか。

（1）a, b, c, d, e が互いに異なる。

（2）$a > b$

（3）$a < b < c < d < e$

（姫路工業大）

19 Lv. ★☆☆

解答は39ページ

次の各問に答えよ。

(1) 白色，赤色，だいだい色，黄色，緑色，青色，あい色，紫色の同じ大きさの球が1個ずつ全部で8個ある。これらの8個の球を2個1組として4つに分ける。このような分け方は全部で何通りあるか。

(2) (1)の8個の球にさらに同じ大きさの白色の球2個をつけ加える。これらの10個の球を2個1組として5つに分ける。このような分け方は全部で何通りあるか。

(名古屋市立大)

20 Lv. ★★☆

解答は40ページ

正七角形について，以下の問いに答えなさい。

(1) 対角線の総数を求めなさい。

(2) 対角線を2本選ぶ組み合わせは何通りあるか答えなさい。

(3) 頂点を共有する2本の対角線は何組あるか答えなさい。

(4) 共有点を持たない2本の対角線は何組あるか答えなさい。

(5) 正七角形の内部で交わる2本の対角線は何組あるか答えなさい。

(長岡技術科学大)

21 Lv. ★★★

解答は41ページ

1つのさいころを続けて5回投げて，出た目を順に x_1，x_2，x_3，x_4，x_5 とする。このとき，$x_1 \leqq x_2 \leqq x_3$ と $x_3 \geqq x_4 \geqq x_5$，両不等式が同時に成り立つ確率を求めよ。

（浜松医科大）

22 Lv. ★★★

解答は42ページ

n を2以上とし，n 組の夫婦が，$2n$ 人掛の円卓に着席するものとする。着席位置を無作為に決めるとき，次の問いに答えよ。

（1）男女が交互に着席する確率を求めよ。

（2）どの夫婦も隣り合わせに着席する確率を求めよ。

（3）男女が交互になり，かつ，どの夫婦も隣り合わせに着席する確率を求めよ。

（大阪市立大）

第12回

23 Lv. ★★★

解答は43ページ

偶数の目が出る確率が $\dfrac{2}{3}$ であるような，目の出方にかたよりのあるさいころが2個あり，これらを同時に投げるゲームをおこなう。両方とも偶数の目が出たら当たり，両方とも奇数の目が出たら大当たりとする。このゲームを n 回繰り返すとき，次の問いに答えよ。

（1）大当たりが少なくとも1回は出る確率を求めよ。

（2）当たりまたは大当たりが少なくとも1回は出る確率を求めよ。

（3）当たりと大当たりのいずれもが少なくとも1回は出る確率を求めよ。

（関西学院大）

24 Lv. ★★★

解答は45ページ

1から6までの数字を書いた6枚のカードを左から右に1列に並べるとき，次のようにカードが並ぶ確率を求めなさい。

（1）1，2，3のカードのうちの2枚が両端に並ぶ。

（2）1のカードが2または3のカードの隣に並ぶ。

（3）1と6のカードの間に2枚以上のカードが並ぶ。

（4）任意のカードについて，そのカードより左側にあるカードのうち，奇数カードの枚数が，偶数カードの枚数より少なくないように並ぶ。

（埼玉医科大）

第13回

25 Lv. ★★☆

解答は47ページ

正三角形の頂点を反時計回りにA，B，Cと名付け，ある頂点に1つの石が置いてある。次のゲームをおこなう。

袋の中に黒玉3個，白玉2個の計5個の玉が入っている。この袋から中を見ずに2個の玉を取り出して元に戻す。この1回の試行で，もし黒玉2個の場合反時計回りに，白玉2個の場合時計回りに隣の頂点に石を動かす。ただし，白玉1個と黒玉1個の場合には動かさない。

このとき，以下の各問に答えよ。

（1）1回の試行で，黒玉2個を取り出す確率と，白玉2個を取り出す確率を求めよ。

（2）最初に石を置いた頂点をAとする。4回の試行を続けた後，石が頂点Cにある確率を求めよ。

（岐阜大）

26 Lv. ★★☆

解答は48ページ

座標平面上を点Pが次の規則にしたがって動くとする。1回サイコロを振るごとに

・1または2の目が出ると，x軸の正の方向に1進む。

・3または4の目が出ると，y軸の正の方向に1進む。

・5または6の目が出ると，直線$y=x$に関して対称な点に動く。ただし，直線$y=x$上にある場合はその位置にとどまる。

点Pは最初に原点にあるとする。

（1）4回サイコロを振った後の点Pが直線$y=x$上にある確率を求めよ。

（2）mを$0 \leqq m \leqq n$をみたす整数とする。n回サイコロを振った後の点Pが直線$x+y=m$上にある確率を求めよ。

（名古屋工業大）

第14回

27 Lv. ★★★

解答は50ページ

甲，乙２人でそれぞれ勝つ確率が下表で示されるゲームを続けて行う。甲乙のどちらか一方が続けて２度ゲームに勝ったときは試合を終了し，２度続けて勝った者が勝者となる。

（１）３回以内のゲーム数で試合が終了する確率を求めよ。

（２）４回のゲームで試合が終了することがわかっている。このとき，甲が勝者となっている確率を求めよ。

	第１回目のゲーム	甲が勝った次のゲーム	乙が勝った次のゲーム
甲の勝つ確率	$\frac{2}{3}$	$\frac{2}{3}$	$\frac{1}{5}$
乙の勝つ確率	$\frac{1}{3}$	$\frac{1}{3}$	$\frac{4}{5}$

（名古屋市立大）

28 Lv. ★★★

解答は51ページ

さいころを20個同時に投げたときに１の目が出たさいころの個数を数える試行を考える。この試行では１の目の出たさいころの個数が［　　］である確率が一番大きくなる。

（早稲田大）

第5章　図形と計量，平面図形

第15回

29 Lv. ★★★

解答は52ページ

3 辺の長さが $a-1$，a，$a+1$ である三角形について，次の問いに答えよ。

（1）この三角形が鈍角三角形であるとき，a の範囲を求めよ。

（2）この三角形の 1 つの内角が 150° であるとき，外接円の半径を求めよ。

（鳴門教育大）

30 Lv. ★★★

解答は53ページ

3 辺 AB，BC，CA の長さがそれぞれ 7，6，5 の三角形 ABC において，$\cos B = \boxed{}$，$\sin\dfrac{B}{2} = \boxed{}$ であり，三角形 ABC の面積 S は，$S = \boxed{}$ である。したがって，三角形 ABC の内接円 I の半径 r は，$r = \boxed{}$ となる。

さらに，2 辺 AB，BC および内接円 I に接する円の半径を r_1 とし，$\sin\dfrac{B}{2}$ を r，r_1 で表すと $\sin\dfrac{B}{2} = \boxed{}$ となる。よって，r_1 の値は

$r_1 = \dfrac{8\sqrt{6} - \boxed{}}{9}$ である。ただし，半径 r_1 の円は，内接円 I とは異なるものとする。

（関西大）

第16回

31 Lv. ★☆☆

解答は54ページ

△ABC に対し，点 P は辺 AB の中点，点 Q は辺 BC 上の B, C と異なる点，点 R は直線 AQ と直線 CP との交点とする。このとき，次の各問に答えよ。

（1）$a=\dfrac{\mathrm{CR}}{\mathrm{RP}}$，$b=\dfrac{\mathrm{CQ}}{\mathrm{QB}}$ とおくとき，a と b の関係式を求めよ。

（2）△ABC の外接円 O と直線 CP との点 C 以外の交点を X とする。
AP = CR，CQ = QB であるとき，CR：RP：PX を求めよ。

（宮崎大）

32 Lv. ★★☆

解答は55ページ

四角形 ABCD が，半径 $\dfrac{65}{8}$ の円に内接している。この四角形の周の長さが 44 で，辺 BC と辺 CD の長さがいずれも 13 であるとき，残りの 2 辺 AB と DA の長さを求めよ。

（東京大）

第17回

33 Lv.★☆☆

解答は57ページ

1辺の長さが2の正三角形ABCを底面とし

$$\mathrm{OA}=\mathrm{OB}=\mathrm{OC}=2a \quad (a>1)$$

である四面体OABCについて，辺ABの中点をMとし，頂点Oから直線CMに下ろした垂線をOHとする。$\angle\mathrm{OMC}=\theta$とするとき，次の問いに答えよ。

（1）$\cos\theta$をaを用いて表せ。

（2）OHの長さをaを用いて表せ。

（3）OHの長さが$2\sqrt{3}$になるときのaの値を求めよ。

（成城大）

34 Lv.★★☆

解答は59ページ

$\mathrm{AB}=5$，$\mathrm{BC}=7$，$\mathrm{CA}=8$および$\mathrm{OA}=\mathrm{OB}=\mathrm{OC}=t$を満たす四面体OABCがある。

（1）$\angle\mathrm{BAC}$を求めよ。

（2）$\triangle\mathrm{ABC}$の外接円の半径を求めよ。

（3）4つの頂点O，A，B，Cが同一球面上にあるとき，その球の半径が最小となるような実数tの値を求めよ。

（千葉大）

第6章　いろいろな関数，図形と方程式

第18回

35　Lv. ★★★

解答は61ページ

a を正の実数とする。2次関数 $f(x)=ax^2-2(a+1)x+1$ に対して，次の問いに答えよ。

（1）関数 $y=f(x)$ のグラフの頂点の座標を求めよ。

（2）$0 \leqq x \leqq 2$ の範囲で $y=f(x)$ の最大値と最小値を求めよ。

（千葉大）

36　Lv. ★★★

解答は63ページ

a を実数の定数とする。区間 $1 \leqq x \leqq 4$ を定義域とする2つの関数

$$f(x)=ax,\ \ g(x)=x^2-4x+9$$

を考える。以下の条件をみたすような a の範囲をそれぞれ求めよ。

（1）定義域に属するすべての x に対して，$f(x) \geqq g(x)$ が成り立つ。
　このような a の範囲は $a \geqq$ □ である。

（2）定義域に属する x で，$f(x) \geqq g(x)$ をみたすものがある。
　このような a の範囲は $a \geqq$ □ である。

（3）定義域に属するすべての x_1 とすべての x_2 に対して，$f(x_1) \geqq g(x_2)$ が成り立つ。このような a の範囲は $a \geqq$ □ である。

（4）定義域に属する x_1 と x_2 で，$f(x_1) \geqq g(x_2)$ をみたすものがある。
　このような a の範囲は $a \geqq$ □ である。

（慶應義塾大）

第19回

37 Lv. ★★★

解答は65ページ

a を定数とする。放物線 $y=x^2+a$ と関数 $y=4|x-1|-3$ のグラフの共有点の個数を求めよ。

（大阪府立大）

38 Lv. ★★★

解答は66ページ

実数 a，b に対し，x についての2次方程式

$$x^2-2ax+b=0$$

は，$0 \leqq x \leqq 1$ の範囲に少なくとも1つ実数解をもつとする。このとき，a，b がみたす条件を求め，点 $(a,\ b)$ の存在する範囲を図示せよ。

（大阪市立大）

第20回

39 Lv. ★☆☆

解答は67ページ

次の問いに答えよ。

（1）角 α が

$$0^\circ < \alpha < 90^\circ,\ \cos 2\alpha = \cos 3\alpha$$

をみたすとき，α は何度か。

（2）三角関数の加法定理と2倍角の公式を使って

$$\cos 3\theta = 4\cos^3\theta - 3\cos\theta$$

を示せ。

（3）（1）の角 α に対して，$\cos\alpha$ の値を求めよ。

（滋賀大）

40 Lv. ★☆☆

解答は68ページ

［A］$0 \leqq x < 2\pi$ のとき，関数

$$y = \sin^2 x + \sqrt{3}\sin x\cos x - 2\cos^2 x$$

の最大値と最小値，および，そのときの x の値を求めよ。

（富山大）

［B］$0 \leqq x \leqq \pi$，$0 \leqq y \leqq \pi$ に対して次の不等式が成り立つことを示しなさい。

$$\sin\frac{x+y}{2} \geqq \frac{1}{2}(\sin x + \sin y)$$

（兵庫県立大）

第21回

41 Lv.★★★

解答は70ページ

a を実数とする。方程式

$$\cos^2 x - 2a\sin x - a + 3 = 0$$

の解で $0 \leqq x < 2\pi$ の範囲にあるものの個数を求めよ。

（学習院大）

42 Lv.★★★

解答は71ページ

次の問いに答えよ。

（1）$t = \sin\theta + \cos\theta$ とおく。$\sin\theta\cos\theta$ を t を用いて表せ。

（2）$0 \leqq \theta \leqq \pi$ のとき，$t = \sin\theta + \cos\theta$ のとり得る値の範囲を求めよ。

（3）$0 \leqq \theta \leqq \pi$ のとき，θ の方程式

$$2\sin\theta\cos\theta - 2(\sin\theta + \cos\theta) - k = 0$$

の解の個数を，定数 k が次の2つの値の場合について調べよ。

$$k = 1,\ k = -1.9$$

（静岡大）

43 Lv. ★★★

解答は72ページ

座標平面上に原点O(0, 0)を中心とする半径1の円 C と点A(-1, 0)，点B(1, 0)が与えられている。点Pを円 C の周上に，点Qを直線AP上に，点Rを直線BP上に，いずれも x 軸よりも上側にとる。$\mathrm{AQ}=\dfrac{3}{5}$，$\mathrm{BR}=\dfrac{4}{5}$ のとき，次の問いに答えよ。

（1）$\angle\mathrm{OAP}=\theta$ として，△OAQの面積および△OBRの面積を θ を用いて表せ。

（2）△OAQの面積と△OBRの面積の和の最大値を求めよ。また，そのときの点Pの座標を求めよ。

（滋賀大）

44 Lv. ★★★

解答は73ページ

x を正の実数とする。座標平面上の3点A(0, 1)，B(0, 2)，P(x, x)をとり，△APBを考える。x の値が変化するとき，∠APBの最大値を求めよ。

（京都大）

第23回

45 Lv. ★☆☆

解答は75ページ

実数 x に対して，$t=2^x+2^{-x}$，$y=4^x-6\cdot2^x-6\cdot2^{-x}+4^{-x}$ とおく。次の問に答えよ。

（1）x が実数全体を動くとき，t の最小値を求めよ。

（2）y を t の式で表せ。

（3）x が実数全体を動くとき，y の最小値を求めよ。

（大阪教育大改）

46 Lv. ★☆☆

解答は76ページ

次の問いに答えよ。

（1）不等式 $10^{2x}\leqq10^{6-x}$ をみたす実数 x の範囲を求めよ。

（2）$10^{2x}\leqq y\leqq10^{5x}$ と $y\leqq10^{6-x}$ を同時にみたす整数の組 $(x,\ y)$ の個数を求めよ。

（大阪大）

第24回

47 Lv. ★★★

解答は77ページ

$a>0$, $a \neq 1$ とする。このとき，x の不等式

$$\log_a(x+2) \geqq \log_{a^2}(3x+16)$$

を解け。

（早稲田大）

48 Lv. ★★★

解答は78ページ

6^n が 39 桁の自然数になるときの自然数 n を求めよ。その場合の n に対する 6^n の最高位の数字を求めよ。ただし $\log_{10}2=0.3010$, $\log_{10}3=0.4771$ とする。

（東北大）

49 Lv. ★☆☆

解答は80ページ

3直線 $x-y+1=0$，$2x+y-2=0$，$x+2y=0$ で囲まれる部分の面積を求めよ。

（駒澤大）

50 Lv. ★★☆

解答は81ページ

座標平面上に2直線

$$l : 4x-3y-35=0,\ m : 3x-4y-35=0$$

がある。原点を中心とする半径1の円を C とし，Pを C 上の点とする。

（1）l と m の交点Aの座標は（ア，$-$イ）である。

（2）Pにおける C の接線が l と平行になるのは，Pの座標が

$$\left(\frac{ウ}{エ},\ -\frac{オ}{カ}\right) \text{または} \left(-\frac{ウ}{エ},\ \frac{オ}{カ}\right)$$ のときである。

また，Pにおける C の接線が m と平行になるのは，Pの座標が

$$\left(\frac{キ}{ク},\ -\frac{ケ}{コ}\right) \text{または} \left(-\frac{キ}{ク},\ \frac{ケ}{コ}\right)$$ のときである。

（3）Pにおける C の接線がAを通るのは，Pの座標が

$$\left(\frac{サ}{シ},\ \frac{ス}{セ}\right) \text{または} \left(-\frac{ソ}{タ},\ -\frac{チ}{ツ}\right)$$ のときである。

（4）C 上の点 $\mathrm{P}(a,\ b)\ (b>0)$ に対し，3つの不等式

$$ax+by \leqq 1,\ 4x-3y \geqq 35,\ 3x-4y \leqq 35$$

の表す領域が三角形の周および内部となるときの a の値の範囲は

$$\frac{テト}{ナ} < a < \frac{ニ}{ヌ}$$

である。

（センター試験改）

第26回

51 Lv. ★☆☆

解答は83ページ

平面上に，原点Oを中心とする半径1の円Cと，点$(3,\ 0)$を通る傾きmの直線lがある。lとCが異なる2点A，Bで交わるとき，mの値の範囲は［　　］である。また，三角形OABの面積が$\dfrac{1}{2}$のとき，$m=$［　　］である。

（南山大）

52 Lv. ★★☆

解答は85ページ

直線$l:(1-k)x+(1+k)y+2k-14=0$は定数kの値によらず定点Aを通る。このとき，次の各問に答えよ。

（1）定点Aの座標を求めよ。

（2）xy平面上に点Bをとる。原点Oと2点A，Bを頂点とする三角形OABが正三角形になるとき，正三角形OABの外接円の中心の座標を求めよ。

（3）直線lと円$C:x^2+y^2=16$の2つの交点を通る円のうちで，2点P$(-4,\ 0)$，Q$(2,\ 0)$を通る円の方程式を求めよ。

（都立科学技術大）

第27回

53 Lv. ★☆☆

解答は87ページ

座標平面上で点$(0,\ 2)$を中心とする半径1の円をCとする。Cに外接しx軸に接する円の中心$\mathrm{P}(a,\ b)$が描く図形の方程式を求めよ。

（津田塾大）

54 Lv. ★★☆

解答は88ページ

kを実数とする次の2つの方程式に関し，以下の各問に答えよ。

$$y=x^2-2x-2 \quad \cdots\cdots\cdots ① \qquad y=kx-(k^2+2) \quad \cdots\cdots\cdots ②$$

（1）式①と式②の表すグラフが2点で交わるための，kの値の範囲は［ア］である。

（2）2つの交点をA，Bとすると，線分ABの中点Cの座標を，kを用いて表すと(［イ］，［ウ］)である。

（3）kの値を変化させるとき，点Cの軌跡を表す方程式は［エ］であり，その式の成り立つxの範囲は［オ］である。

（秋田県立大）

55 Lv. ★★★

解答は89ページ

平面上の2点P(t, 0), Q(0, 1)に対して，Pを通り，PQに垂直な直線をlとする。tが$-1 \leqq t \leqq 1$の範囲を動くとき，lが通る領域を求めて，平面上に図示せよ。

（関西大）

56 Lv. ★★★

解答は90ページ

座標平面上で不等式

$$2(\log_3 x - 1) \leqq \log_3 y - 1 \leqq \log_3\left(\frac{x}{3}\right) + \log_3(2 - x)$$

をみたす点$(x,\ y)$全体のつくる領域をDとする。

（1）Dを座標平面上に図示せよ。

（2）$a < 2$の範囲にある定数aに対し，$y - ax$のD上での最大値$M(a)$を求めよ。

（三重大）

第29回

57 Lv.★☆☆

解答は92ページ

$m \neq 0$ とし，原点を通る傾き m の直線を l とする。l に原点で接するような放物線 $P : y = a(x-b)^2 + c$ を考える。

（1）c を b と m で表せ。

（2）l と原点で垂直に交わる直線を l' とする。放物線 P と l' との原点以外の交点の座標を b と m で表せ。

（東北大）

58 Lv.★★☆

解答は93ページ

点(1，0)を通り傾き k の直線 l が，放物線 $C : y = \frac{x^2}{2}$ と異なる2点P，Qで交わるとする。ただし，点Pの x 座標は点Qの x 座標より小さいとする。

次の各問いに答えよ。

（1）k の範囲を求めよ。

（2）放物線 C の点Pでの接線 m の傾きを $\tan\alpha$ とし，放物線 C の点Qでの接線 n の傾きを $\tan\beta$ とする。ただし，α と β はともに $0°$ より大きく $180°$ より小さい角である。$\tan\alpha + \tan\beta$ と $\tan\alpha\tan\beta$ をそれぞれ k で表せ。

（3）$k < 0$ とする。（2）で定めた2直線 m と n の交点をRとする。$\angle \mathrm{PRQ} = 135°$ であるとき，k の値を求めよ。

（茨城大）

59 Lv. ★☆☆

解答は95ページ

xの関数$f(x)=x^3+x^2+ax+b$を考える。このとき，次の問い（1）～（3）に答えよ。

（1）$y=f(x)$が極大値と極小値をもつ条件を求めよ。

（2）$-1<x<1$の範囲で$y=f(x)$が極大値と極小値をもつ条件を求めよ。

（3）問い（2）において，極値を与えるxの値をx_1，x_2 $(x_1<x_2)$とする。
$x_1=-\dfrac{2}{3}$，$f(x_1)=\dfrac{1}{3}$となるときの，a，b，x_2，$f(x_2)$の値を求めよ。

（立教大）

60 Lv. ★★☆

解答は96ページ

aを実数とする。$f(x)=x^3+ax^2+(3a-6)x+5$について以下の問いに答えよ。

（1）関数$y=f(x)$が極値をもつaの範囲を求めよ。

（2）関数$y=f(x)$が極値をもつaに対して，関数$y=f(x)$は$x=p$で極大値，$x=q$で極小値をとるとする。関数$y=f(x)$のグラフ上の2点P$(p,\ f(p))$，Q$(q,\ f(q))$を結ぶ直線の傾きmをaを用いて表せ。

（名古屋大）

第31回

61 Lv.★★☆

解答は98ページ

縦 x，横 y，高さ z の和が12，表面積が90であるような直方体を考える。

（1）$y+z$ および yz を x の式で表せ。

（2）このような直方体が存在するための x の範囲を求めよ。

（3）このような直方体のうち体積が最大であるものを求めよ。

（朝日大）

62 Lv.★★★

解答は99ページ

$f(x)=x^3-x^2-x-1$，$g(x)=x^2-x-1$ とする。

（1）方程式 $f(x)=0$ はただひとつの実数解 α をもつことを示せ。
また，$1<\alpha<2$ であることを示せ。

（2）方程式 $g(x)=0$ の正の解を β とする。α と β の大小を比較せよ。

（3）α^2 と β^3 の大小を比較せよ。

（一橋大）

第32回

63 Lv. ★★★

解答は100ページ

$f(x)=2x^3+x^2-3$ とおく。

（1）関数 $f(x)$ の増減表を作り，$y=f(x)$ のグラフの概形をかけ。

（2）直線 $y=mx$ が曲線 $y=f(x)$ と相異なる3点で交わるような実数 m の範囲を求めよ。

（大阪大）

64 Lv. ★★★

解答は102ページ

a を実数とし，関数

$$f(x)=x^3-3ax+a$$

を考える。$0 \leqq x \leqq 1$ において，$f(x) \geqq 0$ となるような a の範囲を求めよ。

（大阪大）

第33回

65 Lv. ★★☆

解答は104ページ

3次曲線 $C : y = x^3 - 4x$ とその上の点 P(2, 0) について考える。
点Pで曲線 C に接する直線が曲線 C と交わる点をQとする。またRは，Pと異なる曲線 C 上の点であって，そして直線PRは曲線 C に点Rで接するものとする。このとき，次の各問に答えよ。

（1）点Qの x 座標を求めよ。

（2）点Rの x 座標を求めよ。

（3）直線PRと曲線 C で囲まれた部分の面積を求めよ。

（姫路工業大）

66 Lv. ★★★

解答は105ページ

$y = x^2$ のグラフを Γ とする。$b < a^2$ をみたす点 P(a, b) から Γ へ接線を2本引き，接点をA，Bとする。Γ と2本の線分PA，PBで囲まれた図形の面積が $\dfrac{2}{3}$ になるような点Pの軌跡を求めよ。

（東京都立大）

第34回

67 Lv. ★★★

解答は106ページ

2つの関数

$$f_1(x)=-x^2+8x-9,\ f_2(x)=-x^2+2x+3$$

に対して，関数 $F(x)$ を次のように定義する。

$$F(x)=\begin{cases} f_1(x) & (x\text{ が } f_1(x)\geqq f_2(x)\text{ をみたすとき}) \\ f_2(x) & (x\text{ が } f_1(x)<f_2(x)\text{ をみたすとき}) \end{cases}$$

以下の問いに答えよ。

（1）$y=F(x)$ のグラフをかけ。

（2）曲線 $y=F(x)$ 上の異なる2点で接する直線 l を求めよ。

（3）$y=F(x)$ と l とで囲まれた図形の面積を求めよ。

（名古屋市立大）

68 Lv. ★★★

解答は108ページ

各実数 t に対して，方程式

$$y=(2t-3)x-t^2$$

で表される直線 L_t を考える。次の問いに答えよ。

（1）直線 L_t と L_s が直交するとき，L_t と L_s の交点の y 座標は，t と s によらない定数になることを示せ。

（2）放物線 $y=ax^2+bx+c$ にすべての直線 L_t が接するとき，定数 a，b，c の値を求めよ。

（3）（2）で求めた放物線と2つの直線 L_t，L_{t+2} によって囲まれる図形の面積は，t によらない定数になることを示せ。

（広島大）

第35回

69 Lv. ★★☆

解答は110ページ

$S(x)=\int_x^{x+2}|t^2-3t+2|dt$ とおく。次の問いに答えよ。

（1）$x \geqq 0$ のとき，$S(x)$ を求めよ。

（2）関数 $y=S(x)$ $(x \geqq 0)$ のグラフをかけ。

（中央大）

70 Lv. ★★☆

解答は112ページ

t は $0 \leqq t \leqq 1$ を満たす実数とする。放物線 $y=x^2$，直線 $x=1$，および x 軸とで囲まれた図形を A，放物線 $y=4(x-t)^2$ と直線 $y=1$ とで囲まれた図形を B とする。A と B の共通部分の面積を $S(t)$ とする。

（1）$S(t)$ を求めよ。

（2）$0 \leqq t \leqq 1$ における $S(t)$ の最大値を求めよ。

（東北大）

71 Lv.★★★

解答は114ページ

p を実数とする。すべての実数 x に対して

$$u(x)=x^2+p\int_0^1(1+tx)u(t)dt$$

をみたす関数 $u(x)$ が存在するかどうかを考える。このとき，次の問いに答えよ。

（1）もしこのような $u(x)$ が存在すれば，$u(x)$ は2次関数であることを示せ。

（2）このような $u(x)$ が存在しないような p の値をすべて求めよ。

（富山大）

72 Lv.★★★

解答は116ページ

関数 $g_n(x)$ $(n=1,\ 2,\ 3,\ \cdots)$ は

$$g_1(x)=x^2+\frac{5}{3},\quad g_{n+1}(x)=x^2+\frac{2}{3}\int_0^1 g_n(t)dt$$

をみたしている。$g_n(x)$ を求めよ。

（滋賀大）

第8章　数列

第37回

73 Lv.★★★

解答は117ページ

1から180までの整数のうち，初項が5，公差が4の等差数列に現れる数の集合をA，初項が1，公差が6の等差数列に現れる数の集合をBとする。次の問いに答えよ。

（1）Aに属するすべての数の和を求めよ。

（2）共通部分$A \cap B$に属する要素の個数を求めよ。

（3）和集合$A \cup B$に属するすべての数の和を求めよ。

（岩手大）

74 Lv.★★★

解答は119ページ

銀行融資の年利率をrとする。銀行からL円を借り入れた企業の返済は，一年後x円，その後毎年gの増加率で増えていくとする。返済の最終回は，融資を受けてからn年後とする。

（1）xをL，n，r，gで表せ。

（2）$x=200$万円，$g=3\%$，$r=5\%$とした場合，返済期間nをいくら長く設定しても，企業が融資を受けられる額は1億円未満であることを示せ。

（横浜市立大）

第38回

75 Lv. ★★★

解答は121ページ

数列 2, 6, 12, 20, 30, 42, … について, n を自然数として

（1）第 n 項 a_n と, 初項から第 n 項までの和 S_n を求めよ。

（2）$\dfrac{1}{a_1}+\dfrac{1}{a_2}+\dfrac{1}{a_3}+\cdots+\dfrac{1}{a_n}$ を求めよ。

（3）$\dfrac{1}{S_1}+\dfrac{1}{S_2}+\dfrac{1}{S_3}+\cdots+\dfrac{1}{S_n}$ を求めよ。

（滋賀大）

76 Lv. ★★★

解答は123ページ

年齢1の1つの個体から始めて, 以下の操作1, 2を n 回おこなった後の全個体の年齢数の合計を S_n とする。

操作1．年齢1の各個体から年齢0の k 個の個体を発生させる。ただし, $k>1$ とする。

操作2．全個体の年齢をそれぞれ1増やす。

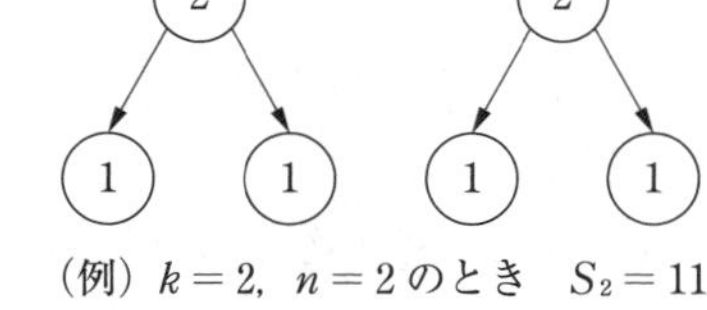

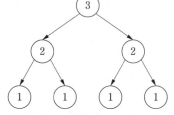

（例）$k=2$, $n=2$ のとき　$S_2=11$

次の問いに答えよ。

（1）$k=2$ のとき S_4 を求めよ。

（2）操作1, 2を n 回おこなった後の平均年齢を A_n とするとき,

$A_n<\dfrac{k}{k-1}$ となることを示せ。

（名古屋市立大）

第39回

77 Lv. ★★★

解答は124ページ

数列

$$1,\ 1,\ 3,\ 1,\ 3,\ 5,\ 1,\ 3,\ 5,\ 7,\ 1,\ 3,\ 5,\ 7,\ 9,\ 1,\ \cdots$$

において，次の問いに答えよ。ただし，k，m，n は自然数とする。

（1）$k+1$ 回目に現れる 1 は第何項か。

（2）m 回目に現れる 17 は第何項か。

（3）初項から $k+1$ 回目の 1 までの項の和を求めよ。

（4）初項から第 n 項までの和を S_n とするとき，$S_n > 1300$ となる最小の n を求めよ。

（名古屋市立大）

78 Lv. ★★★

解答は126ページ

次の問いに答えよ。

（1）k を 0 以上の整数とするとき，

$$\frac{x}{3}+\frac{y}{2} \leqq k$$

をみたす 0 以上の整数 x，y の組 $(x,\ y)$ の個数を a_k とする。a_k を k の式で表せ。

（2）n を 0 以上の整数とするとき，

$$\frac{x}{3}+\frac{y}{2}+z \leqq n$$

をみたす 0 以上の整数 x，y，z の組 $(x,\ y,\ z)$ の個数を b_n とする。b_n を n の式で表せ。

（横浜国立大）

第1章
第2章
第3章
第4章
第5章
第6章
第7章
第8章
第9章

第40回

79 Lv. ★★★

解答は128ページ

数列$\{a_n\}$の初項から第n項までの和をS_nとする。$S_n=-2a_n+3n$が成り立つとき

（1）a_1とa_2を求めよ。

（2）a_{n+1}をa_nを用いて表せ。

（3）a_nをnを用いて表せ。

（明星大）

80 Lv. ★★★

解答は129ページ

［A］数列$\{a_n\}$は

$$a_1=9,\ a_{n+1}=4a_n+5^n \quad (n=1,\ 2,\ 3,\ \cdots)$$

をみたす。このとき，次の問いに答えよ。

（1）$b_n=a_n-5^n$とおく。b_{n+1}をb_nで表せ。

（2）数列$\{a_n\}$の一般項を求めよ。（立教大改）

［B］ $a_1=2,\ a_{n+1}=2a_n-2n+1 \quad (n=1,\ 2,\ 3,\ \cdots)$

によって定められる数列$\{a_n\}$について，次の問いに答えよ。

（1）$b_n=a_n-(\alpha n+\beta)$とおいて，数列$\{b_n\}$が等比数列になるように定数α，βの値を定めよ。

（2）一般項a_nを求めよ。

（3）初項から第n項までの和$S_n=\displaystyle\sum_{k=1}^{n}a_k$を求めよ。（滋賀大）

第41回

81 Lv. ★★★

解答は131ページ

$$a_1 = 1,\ a_2 = 2,\ {a_{n+1}}^5 = {a_{n+2}}^3 {a_n}^2 \quad (n = 1,\ 2,\ 3,\ \cdots)$$

で定義される数列 $\{a_n\}$ の一般項は $a_n = 2^P$。

ただし，$P = 3\left\{\boxed{} - \left(\dfrac{\boxed{}}{3}\right)^{n-1}\right\}$ である。

(早稲田大)

82 Lv. ★★★

解答は132ページ

次の条件によって定められる数列 $\{x_n\}$，$\{y_n\}$ を考える。

$$x_1 = 1 \quad y_1 = 5 \quad x_{n+1} = x_n + y_n \quad y_{n+1} = 5x_n + y_n \quad (n = 1,\ 2,\ 3,\ \cdots)$$

次の問いに答えよ。

（1）$a_n = x_n + cy_n$ とおいたとき，数列 $\{a_n\}$ が等比数列となるように定数 c の値を定め，a_n を n の式で表せ。

（2）x_n および y_n を n の式で表せ。

(早稲田大改)

第42回

83 Lv. ★★★

解答は134ページ

n を自然数とするとき，$4^{2n-1}+3^{n+1}$ は 13 の倍数であることを示せ。

（信州大）

84 Lv. ★★★

解答は135ページ

次の条件で定められた数列 $\{a_n\}$ を考える。

$$a_1=1,\ \ a_{n+1}=\frac{3}{n}(a_1+a_2+\cdots+a_n)\quad (n=1,\ 2,\ 3,\ \cdots)$$

（1）a_2，a_3，a_4，a_5，a_6 を求めて，一般項 a_n を推定せよ。

（2）（1）で求めた一般項 a_n が正しいことを数学的帰納法を用いて示せ。

（福井大改）

第43回

85 Lv. ★★☆

解答は137ページ

各項が正である数列$\{a_n\}$を次の（ⅰ），（ⅱ）によって定める。

（ⅰ）$a_1=1$

（ⅱ）座標平面上の点$(0,\ -a_n)$から放物線の一部$C：y=x^2\ (x\geqq 0)$に接線l_nを引き接点をA_nとする。点A_nにおいてl_nと直交する直線m_nを引き，y軸との交点を$(0,\ 3a_{n+1})$とする。

次の各問に答えよ。

（1）a_nとa_{n+1}との関係式を求めよ。

（2）a_nを求めよ。

（名古屋工業大）

86 Lv. ★★★

解答は138ページ

袋の中に1から9までの異なる数字を1つずつ書いた9枚のカードが入っている。この中から1枚を取り出し，数字を調べて袋にもどす。この試行をn回繰り返したとき，調べたn枚のカードの数字の和が偶数になる確率をP_nとする。このとき，次の各問に答えよ。

（1）P_2，P_3の値を求めよ。

（2）P_{n+1}をP_nを用いて表せ。

（3）P_nをnを用いて表せ。

（北里大）

第9章 ベクトル

第44回

87 Lv. ★★★

解答は139ページ

△OAB において考える。

辺 OA を 3：2 に内分する点を C，辺 OB を 3：4 に内分する点を D とする。線分 AD と線分 BC との交点を P とすると

$$\overrightarrow{\mathrm{OP}} = \boxed{}\,\overrightarrow{\mathrm{OA}} + \boxed{}\,\overrightarrow{\mathrm{OB}}$$

と表せる。また，△OPA，△PDB の面積をそれぞれ S_1，S_2 とするとき

$$S_1 : S_2 = \boxed{} : \boxed{}$$

である。

（早稲田大改）

88 Lv. ★★★

解答は140ページ

三角形 ABC において，AB＝3，BC＝4，CA＝2 とする。このとき，∠A と ∠B の 2 等分線の交点を I とすると

$$\overrightarrow{\mathrm{AI}} = \boxed{\text{ア}}\,\overrightarrow{\mathrm{AB}} + \boxed{\text{イ}}\,\overrightarrow{\mathrm{AC}}$$

である。また，三角形 ABC の面積は $\boxed{\text{ウ}}$ であり，三角形 IBC の面積は $\boxed{\text{エ}}$ である。

（近畿大）

第45回

89 Lv.★★☆

解答は141ページ

点Oを中心とする円に内接する△ABCがあり，AB＝2，AC＝3，BC＝$\sqrt{7}$とする。点Bを通り直線ACと平行な直線と円Oとの交点のうち点Bと異なる点をD，直線AOと直線CDの交点をEとする。

（1）内積$\overrightarrow{AB}\cdot\overrightarrow{AO}$，$\overrightarrow{AC}\cdot\overrightarrow{AO}$はそれぞれ

$$\overrightarrow{AB}\cdot\overrightarrow{AO}=\boxed{},\quad \overrightarrow{AC}\cdot\overrightarrow{AO}=\boxed{}$$

である。

（2）$\overrightarrow{AO}$を$\overrightarrow{AB}$と$\overrightarrow{AC}$を用いて表せば，$\overrightarrow{AO}=\boxed{}\overrightarrow{AB}+\boxed{}\overrightarrow{AC}$である。

（3）また，$\overrightarrow{AD}$は$\overrightarrow{AD}=\boxed{}\overrightarrow{AB}+\boxed{}\overrightarrow{AC}$と表される。

（4）CE：DE＝$\boxed{}$：$\boxed{}$である。

（立命館大）

90 Lv.★★☆

解答は143ページ

三角形OABにおいて，辺OA，辺OBの長さをそれぞれa，bとする。また，角AOBは直角ではないとする。2つのベクトル$\overrightarrow{OA}$と$\overrightarrow{OB}$の内積$\overrightarrow{OA}\cdot\overrightarrow{OB}$を$k$とおく。次の問いに答えよ。

（1）直線OA上に点Cを，$\overrightarrow{BC}$が$\overrightarrow{OA}$と垂直になるようにとる。$\overrightarrow{OC}$をa，k，$\overrightarrow{OA}$を用いて表せ。

（2）$a=\sqrt{2}$，$b=1$とする。直線BC上に点Hを，$\overrightarrow{AH}$が$\overrightarrow{OB}$と垂直になるようにとる。$\overrightarrow{OH}=u\overrightarrow{OA}+v\overrightarrow{OB}$とおくとき，$u$と$v$をそれぞれ$k$で表せ。

（神戸大）

第46回

91 Lv. ★★☆

解答は145ページ

平面上に原点Oを中心とする半径1の円K_1を考える。K_1の直径を1つとり，その両端をA，Bとする。円K_1の周上の任意の点Qに対し，線分QAを1：2の比に内分する点をRとする。いまkを正の定数として，$\overrightarrow{p}=\overrightarrow{AQ}+k\overrightarrow{BR}$とおく。ただし，Q＝AのときはR＝Aとする。また，$\overrightarrow{OA}=\overrightarrow{a}$，$\overrightarrow{OQ}=\overrightarrow{q}$とおく。

（1）$\overrightarrow{BR}$を$\overrightarrow{a}$，$\overrightarrow{q}$を用いて表せ。

（2）点Qが円K_1の周上を動くとき，$\overrightarrow{OP}=\overrightarrow{p}$となるような点Pが描く図形を$K_2$とする。$K_2$は円であることを示し，中心の位置ベクトルと半径を求めよ。

（3）円K_2の内部に点Aが含まれるようなkの値の範囲を求めよ。

（大阪大）

92 Lv. ★★☆

解答は146ページ

三角形ABCにおいて$\overrightarrow{CA}=\overrightarrow{a}$，$\overrightarrow{CB}=\overrightarrow{b}$とする。次の問いに答えよ。

（1）実数s，tが$0\leqq s+t\leqq 1$，$s\geqq 0$，$t\geqq 0$の範囲を動くとき，次の各条件を満たす点Pの存在する範囲をそれぞれ図示せよ。

　（a）$\overrightarrow{CP}=s\overrightarrow{a}+t(\overrightarrow{a}+\overrightarrow{b})$

　（b）$\overrightarrow{CP}=(2s+t)\overrightarrow{a}+(s-t)\overrightarrow{b}$

（2）（1）の各場合に，点Pの存在する範囲の面積は三角形ABCの面積の何倍か。

（神戸大）

第47回

93 Lv.★★★

解答は147ページ

$\vec{0}$ ではないベクトル $\vec{a}$，$\vec{b}$，$\vec{c}$ は次の条件

$$\begin{cases} \dfrac{|\vec{a}|}{2} = \dfrac{|\vec{b}|}{3\sqrt{2}} = \dfrac{|\vec{c}|}{3\sqrt{3}} \\ 3\sqrt{3}\,\vec{a} + 3\sqrt{2}\,\vec{b} + 2\,\vec{c} = \vec{0} \end{cases}$$

をみたすとする。

（1）ベクトル $\vec{a}$ と $\vec{b}$ のなす角度を求めよ。

（2）ベクトル $t\vec{a} - \vec{c}$ と $\vec{b}$ が直交するように実数 t を定めよ。

（立教大改）

94 Lv.★★★

解答は148ページ

xy 平面において，原点Oを通る半径 r $(r>0)$ の円を C とし，その中心をAとする。Oを除く C 上の点Pに対し，次の2つの条件(a)，(b)で定まる点Qを考える。

（a）$\overrightarrow{\mathrm{OP}}$ と $\overrightarrow{\mathrm{OQ}}$ の向きが同じ。　（b）$|\overrightarrow{\mathrm{OP}}||\overrightarrow{\mathrm{OQ}}|=1$

以下の問いに答えよ。

（1）点PがOを除く C 上を動くとき，点Qは $\overrightarrow{\mathrm{OA}}$ に直交する直線上を動くことを示せ。

（2）（1）の直線を l とする。l が C と2点で交わるとき，r のとり得る値の範囲を求めよ。

（大阪大）

第48回

95 Lv.★★★

解答は150ページ

四面体OABCの辺ABを4：5に内分する点をD，辺OCを2：1に内分する点をEとし，線分DEの中点をP，直線OPが平面ABCと交わる点をQとする。次の各問いに答えよ。

（1）$\overrightarrow{OA}=\vec{a}$，$\overrightarrow{OB}=\vec{b}$，$\overrightarrow{OC}=\vec{c}$ とおくとき，$\overrightarrow{OP}$ を $\vec{a}$，$\vec{b}$，$\vec{c}$ で表せ。
　また，$\overrightarrow{OP}$ と $\overrightarrow{OQ}$ の大きさの比 $|\overrightarrow{OP}|:|\overrightarrow{OQ}|$ を最も簡単な整数比で表せ。

（2）△ABQと△ABCの面積比△ABQ：△ABCを最も簡単な整数比で表せ。

（早稲田大）

96 Lv.★★★

解答は152ページ

四面体OABCにおいて，$\overrightarrow{OA}=\vec{a}$，$\overrightarrow{OB}=\vec{b}$，$\overrightarrow{OC}=\vec{c}$ とする。また，線分OAを1：2に内分する点をP，線分ACを1：2に内分する点をQ，線分BCを2：3に内分する点をR，線分OBを $t:(1-t)$ に内分する点をSとする。ただし，$0<t<1$ とする。

（1）$\overrightarrow{PQ}$，$\overrightarrow{PR}$ を $\vec{a}$，$\vec{b}$，$\vec{c}$ を用いて表しなさい。

（2）適当な実数 k，l を用いて $\overrightarrow{PS}=k\overrightarrow{PQ}+l\overrightarrow{PR}$ と表されるように，t の値を定めなさい。

（帯広畜産大）

第49回

97 Lv. ★☆☆

解答は153ページ

xyz 空間内に点 A(1, 1, 2) と点 B(−5, 4, 0) がある。点 C が y 軸上を動くとき，三角形 ABC の面積の最小値を求めよ。

（千葉大）

98 Lv. ★★☆

解答は155ページ

空間内に 4 点 A(0, 0, 0), B(2, 1, 1), C(−2, 2, −4), D(1, 2, −4) がある。

（1）$\angle \mathrm{BAC} = \theta$ とおくとき，$\cos\theta$ の値と $\triangle \mathrm{ABC}$ の面積を求めなさい。

（2）$\overrightarrow{\mathrm{AB}}$ と $\overrightarrow{\mathrm{AC}}$ の両方に垂直なベクトルを 1 つ求めなさい。

（3）点 D から，3 点 A, B, C を含む平面に垂直な直線を引き，その交点を E とするとき，線分 DE の長さを求めなさい。

（4）四面体 ABCD の体積を求めなさい。

（大分大）

第50回

99 Lv.★★★

解答は157ページ

座標空間内で点$(3,\ 4,\ 0)$を通りベクトル$\overrightarrow{a}=(1,\ 1,\ 1)$に平行な直線を$l$，点$(2,\ -1,\ 0)$を通りベクトル$\overrightarrow{b}=(1,\ -2,\ 0)$に平行な直線を$m$とする。点Pは直線$l$上を，点Qは直線$m$上をそれぞれ勝手に動くとき，線分PQの長さの最小値を求めよ。

（京都大）

100 Lv.★★★

解答は158ページ

点$A(1,\ 2,\ 4)$を通り，ベクトル$\overrightarrow{n}=(-3,\ 1,\ 2)$に垂直な平面を$\alpha$とする。平面$\alpha$に関して同じ側に2点$P(-2,\ 1,\ 7)$，$Q(1,\ 3,\ 7)$がある。次の問いに答えよ。

（1）平面αに関して点Pと対称な点Rの座標を求めよ。

（2）平面α上の点で，PS＋QSを最小にする点Sの座標とそのときの最小値を求めよ。

（鳥取大）

補章　統計的な推測，場合の数と確率（期待値）

1　Lv.★★★

解答は160ページ

ある日の朝，ある養鶏場で無作為に9個の卵を抽出して，それぞれの卵の重さを測ったところ，表1の結果が得られた。

表1　養鶏場で抽出した9個の卵の重さ（単位はグラム（g））

58	61	56	59	52	62	65	59	68

この養鶏場の卵の重さは，母平均が m，母分散が σ^2 の正規分布に従うものとするとき，以下の問いに答えよ。必要に応じて右ページの正規分布表を用いてもよい。

（1）表1の標本の平均を求めよ。

（2）表1の標本の分散と標準偏差を求めよ。

（3）母分散 $\sigma^2=25$ であるとき，表1の標本から，母平均 m に対する信頼度95％の信頼区間を，小数点第3位を四捨五入して求めよ。

（4）この養鶏場のすべての卵の重さからそれぞれ10gを引いて，50gで割った数値は，母平均 m_1，母分散 ${\sigma_1}^2$ の正規分布に従う。このとき，m_1 と ${\sigma_1}^2$ を，それぞれ m と σ の式で表せ。また，$\sigma^2=25$ であるとき，表1の標本から，m_1 に対する信頼度95％の信頼区間を，小数点第3位を四捨五入して求めよ。

（5）次の日の朝に，n 個の卵を無作為に抽出して，母平均 m に対する信頼度95％の信頼区間を求めることとする。信頼区間の幅が5以下となるための標本の大きさ n の最小値を求めよ。ただし，母分散 $\sigma^2=25$ であるとする。

（長崎大）

正 規 分 布 表

次の表は，標準正規分布の分布曲線における右図の灰色部分の面積の値をまとめたものである。

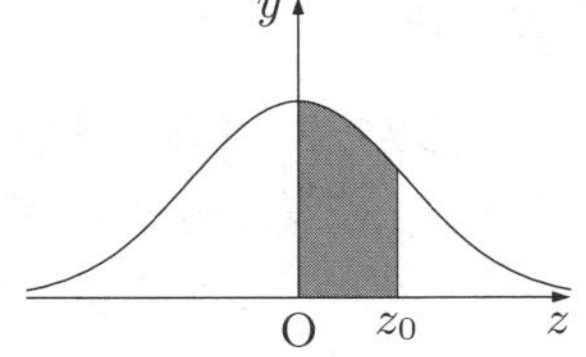

z_0	0.00	0.01	0.02	0.03	0.04	0.05	0.06	0.07	0.08	0.09
0.0	0.0000	0.0040	0.0080	0.0120	0.0160	0.0199	0.0239	0.0279	0.0319	0.0359
0.1	0.0398	0.0438	0.0478	0.0517	0.0557	0.0596	0.0636	0.0675	0.0714	0.0753
0.2	0.0793	0.0832	0.0871	0.0910	0.0948	0.0987	0.1026	0.1064	0.1103	0.1141
0.3	0.1179	0.1217	0.1255	0.1293	0.1331	0.1368	0.1406	0.1443	0.1480	0.1517
0.4	0.1554	0.1591	0.1628	0.1664	0.1700	0.1736	0.1772	0.1808	0.1844	0.1879
0.5	0.1915	0.1950	0.1985	0.2019	0.2054	0.2088	0.2123	0.2157	0.2190	0.2224
0.6	0.2257	0.2291	0.2324	0.2357	0.2389	0.2422	0.2454	0.2486	0.2517	0.2549
0.7	0.2580	0.2611	0.2642	0.2673	0.2704	0.2734	0.2764	0.2794	0.2823	0.2852
0.8	0.2881	0.2910	0.2939	0.2967	0.2995	0.3023	0.3051	0.3078	0.3106	0.3133
0.9	0.3159	0.3186	0.3212	0.3238	0.3264	0.3289	0.3315	0.3340	0.3365	0.3389
1.0	0.3413	0.3438	0.3461	0.3485	0.3508	0.3531	0.3554	0.3577	0.3599	0.3621
1.1	0.3643	0.3665	0.3686	0.3708	0.3729	0.3749	0.3770	0.3790	0.3810	0.3830
1.2	0.3849	0.3869	0.3888	0.3907	0.3925	0.3944	0.3962	0.3980	0.3997	0.4015
1.3	0.4032	0.4049	0.4066	0.4082	0.4099	0.4115	0.4131	0.4147	0.4162	0.4177
1.4	0.4192	0.4207	0.4222	0.4236	0.4251	0.4265	0.4279	0.4292	0.4306	0.4319
1.5	0.4332	0.4345	0.4357	0.4370	0.4382	0.4394	0.4406	0.4418	0.4429	0.4441
1.6	0.4452	0.4463	0.4474	0.4484	0.4495	0.4505	0.4515	0.4525	0.4535	0.4545
1.7	0.4554	0.4564	0.4573	0.4582	0.4591	0.4599	0.4608	0.4616	0.4625	0.4633
1.8	0.4641	0.4649	0.4656	0.4664	0.4671	0.4678	0.4686	0.4693	0.4699	0.4706
1.9	0.4713	0.4719	0.4726	0.4732	0.4738	0.4744	0.4750	0.4756	0.4761	0.4767
2.0	0.4772	0.4778	0.4783	0.4788	0.4793	0.4798	0.4803	0.4808	0.4812	0.4817
2.1	0.4821	0.4826	0.4830	0.4834	0.4838	0.4842	0.4846	0.4850	0.4854	0.4857
2.2	0.4861	0.4864	0.4868	0.4871	0.4875	0.4878	0.4881	0.4884	0.4887	0.4890
2.3	0.4893	0.4896	0.4898	0.4901	0.4904	0.4906	0.4909	0.4911	0.4913	0.4916
2.4	0.4918	0.4920	0.4922	0.4925	0.4927	0.4929	0.4931	0.4932	0.4934	0.4936
2.5	0.4938	0.4940	0.4941	0.4943	0.4945	0.4946	0.4948	0.4949	0.4951	0.4952
2.6	0.4953	0.4955	0.4956	0.4957	0.4959	0.4960	0.4961	0.4962	0.4963	0.4964
2.7	0.4965	0.4966	0.4967	0.4968	0.4969	0.4970	0.4971	0.4972	0.4973	0.4974
2.8	0.4974	0.4975	0.4976	0.4977	0.4977	0.4978	0.4979	0.4979	0.4980	0.4981
2.9	0.4981	0.4982	0.4982	0.4983	0.4984	0.4984	0.4985	0.4985	0.4986	0.4986
3.0	0.4987	0.4987	0.4987	0.4988	0.4988	0.4989	0.4989	0.4989	0.4990	0.4990

2 Lv. ★★☆

解答は161ページ

AとBが続けて試合を行い，先に3勝した方が優勝するというゲームを考える。1試合ごとにAが勝つ確率をp，Bが勝つ確率をq，引き分ける確率を$1-p-q$とする。

（1）3試合目で優勝が決まる確率を求めよ。

（2）5試合目で優勝が決まる確率を求めよ。

（3）$p=q=\frac{1}{3}$としたとき，5試合目が終了した時点でまだ優勝が決まらない確率を求めよ。

（4）$p=q=\frac{1}{2}$としたとき，優勝が決まるまでに行われる試合数の期待値を求めよ。

（岡山大）

3 Lv.★★★

解答は162ページ

次のような競技を考える。競技者がサイコロを振る。もし，出た目が気に入ればその目を得点とする。そうでなければ，もう1回サイコロを振って，2つの目の合計を得点とすることができる。ただし，合計が7以上になった場合は得点は0点とする。この取り決めによって，2回目を振ると得点が下がることもあることに注意しよう。次の問いに答えよ。

(1) 競技者が常にサイコロを2回振るとすると，得点の期待値はいくらか。

(2) 競技者が最初の目が6のときだけ2回目を振らないとすると，得点の期待値はいくらか。

(3) 得点の期待値を最大にするためには，競技者は最初の目がどの範囲にあるときに2回目を振るとよいか。

（九州大）

MEMO

MEMO

MEMO

Z-KAI

文系数学入試の核心

新課程増補版

解答・解説

Z会編集部 編

目次

目次

目次

第9章：ベクトル

補章：統計的な推測，場合の数と確率（期待値）

文系入試の傾向と対策

✦全体的な傾向

文系数学と理系数学の違いは，出題範囲の違いのみではありません。一般に，理系数学では「抽象的な内容の分析力」が問われるのに対し，文系数学では「具体的な数などが与えられているときの処理力」を確かめる問題が多く出題されます。また，細かい誘導がつき，その意味をつかめるかどうかが試される問題も頻出です。このような問題は確実に得点し，この部分で差をつけられないようにする必要があります。

一方，難関国公立大などでは，理系と文系で共通の問題が出題されることも多くあります。数学を得点源にしたい人は，このような問題でもしっかりと得点できるようにしておきたいところです。

本書は，文系特有の出題傾向を踏まえた問題と，文理共通として出題されやすい問題をバランスよく収録しているので，文系数学入試を突破するための力を効率的に身につけることができます。

✦個々の分野について

受験対策をするうえでおろそかにしてよい分野はありませんが，以下では，出題頻度がとくに高く，重点をおいて対策をとりたい分野についてまとめます。

整数（数学 A）

論証や方程式の問題がよく出題されます。余りによる分類を用いた証明や不定方程式などの典型問題については，考え方を理解して使いこなす練習が必要です。対策をしているかどうかで差がつきやすい分野といえます。

場合の数と確率（数学 A）

他の分野以上に，問題を正しく読み取る力が要求されます。この分野は単独でもよく出題されますが，数学 B「数列」など他分野と融合した出題も見られます。“場合の数”では最短経路や組分けなど，“確率”では点の移動などの典型問題の考え方は押さえておきましょう。期待値についても確認しておきましょう。

いろいろな関数，図形と方程式（数学Ⅱ）

関数の最大値・最小値や方程式の解を考える際には，グラフをうまく活用しましょう。具体的に見えるイメージをもって問題に取り組むことが重要で，視覚化することで求める条件が明らかになることは少なくありません。

図形と方程式では，円に関する問題が頻出です。円の接線の求め方や円と直線の位置関係の調べ方などを整理しておきましょう。

微分・積分（数学Ⅱ）

文系数学で最も出題頻度が高い分野です。関数分野ですので，グラフが重要な役割を果たします。グラフをかいて，視覚的に考える姿勢が大切です。

微分法の問題でよく出題されるのは，「接線に関する問題」，「極値や最大値・最小値に関する問題」，「方程式や不等式への応用に関する問題」です。それぞれの問題で，微分法がどのように使われるか，確認しておきましょう。

積分法の出題の中心は面積の計算です。ここでも，グラフをしっかりとかくことを推奨します。また，公式を利用したり，図形の対称性に着目したりして，計算を簡単にする工夫をつねに心がけましょう。

数列（数学B）

数列単独の出題としては，いろいろな数列の和を求める問題や漸化式，数学的帰納法を用いた証明などがよく見られます。漸化式から一般項を求める問題では誘導がある場合も多いですが，よく見るタイプの漸化式は誘導なしでも解けるようにしておきましょう。また，数学Ａ「場合の数と確率」との融合問題も頻出です。

ベクトル（数学C）

単独で出題されることが多い分野です。平面，空間のいずれにおいても，ベクトルの1次独立性や内積を利用する図形問題が多く見られます。ベクトルのもつ意味と性質を理解し，正しく利用できるようにしておくことが大切です。ベクトルの扱いに慣れることで，問題文にベクトルの設定がなくても，ベクトルを利用すると処理しやすい問題を見抜けるようになるでしょう。

◆入試に向けて

この問題集に取り組めば，入試の標準問題にひと通り触れられますが，入試対策としては単にこれらの問題に取り組むだけでは十分とはいえません。国公立大の2次試験や難関私立大の個別試験は主に記述式の試験であり，記述式の答案の書き方には，自己採点では気付かない落とし穴があるからです。学校での演習なら，先生に答案を見てもらうこともできますが，自宅での演習では答案の書き方まで学ぶことは難しいでしょう。

Ｚ会の通信教育では，実戦的な問題に取り組んだ答案をプロの目でチェックします。答案を第三者に見てもらう機会が少ない人はぜひ受講を検討してみてください。

解答編

第1章　数と式，集合と論理

1　対称式　Lv.★★★

問題は8ページ

考え方　3文字の対称式の計算に関する問題である。与えられている式が，すべて a，b，c の対称式であるから，基本対称式で表すことを考えよう。

（2）では，（1）の結果を利用する。与えられた式 $a^2+b^2+c^2$，$a^3+b^3+c^3$，abc や，（1）の式 $ab+bc+ca$ を含む因数分解の公式には，どのようなものがあるだろうか。

解答

（1）$a^2+b^2+c^2=(a+b+c)^2-2(ab+bc+ca)$

である。$a^2+b^2+c^2=1$，$x=a+b+c$ であるから

$$1=x^2-2(ab+bc+ca)$$

$$\therefore\quad ab+bc+ca=\frac{x^2-1}{2}$$ 答

（2）$a^3+b^3+c^3-3abc$

$=(a+b+c)(a^2+b^2+c^2-ab-bc-ca)$

である。$a^2+b^2+c^2=1$，$a^3+b^3+c^3=0$，$abc=3$ であるから

$$0-3\cdot 3=(a+b+c)\{1-(ab+bc+ca)\}$$

さらに，$x=a+b+c$ であるから，（1）の結果が利用できて

$$0-9=x\left(1-\frac{x^2-1}{2}\right)$$

$$\therefore\quad x^3-3x=18$$ 答

Process

基本対称式で表す
↓
与えられた値や式を代入

基本対称式や（1）の結果が利用できるように変形
↓
与えられた値を代入
↓
（1）の結果を代入

解説　文字を入れ換えてももとの式と変わらない式を対称式という。2文字 a，b に関する対称式は $a+b$，ab で表すことができ，3文字 a，b，c に関する対称式は $a+b+c$，$ab+bc+ca$，abc で表すことができる（これらの式を基本対称式という）。対称式を扱うときは，与えられた対称式を基本対称式の利用を意識して変形することが大切である。

対称式は，必ず基本対称式で表せる！

2　集合と要素の個数　Lv.★★★

問題は8ページ

考え方　ベン図を用いて考える。商品Aを買った人の集合をA，商品Bを買った人の集合をB，商品Cを買った人の集合をCとすると，（1），（2），（3）の表す集合は下図の斜線部分となる。

（1）

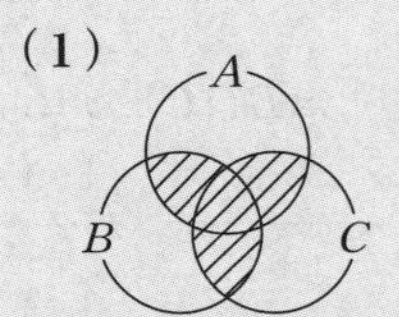

（2）

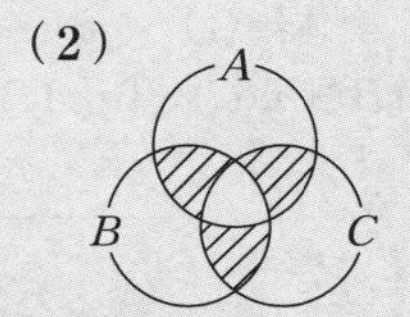

（3）

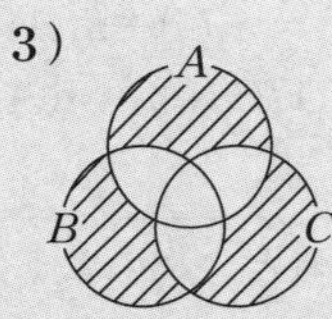

与えられた条件や求めたい要素の個数を式で表しやすくするために，線で仕切られている各集合の要素の個数を文字でおこう。

解答

調査対象者の集合をUとする。また

商品Aを買った人の集合をA，

商品Bを買った人の集合をB，

商品Cを買った人の集合をCとし，右図のように各集合の人数をそれぞれa，b，c，d，e，fとおく。

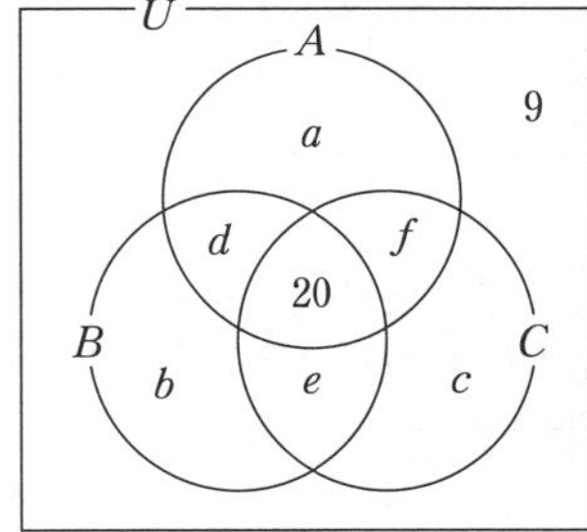

このとき，与えられた条件より

$$\begin{cases} a+d+f+20=224 & \cdots\cdots ① \\ b+d+e+20=237 & \cdots\cdots ② \\ c+e+f+20=266 & \cdots\cdots ③ \\ a+b+c+d+e+f+20+9=500 & \cdots\cdots ④ \end{cases}$$

（1）2種類以上の商品を買った人は$d+e+f+20$（人）なので，①＋②＋③より

$$a+b+c+2(d+e+f)=667 \quad \cdots\cdots ⑤$$

⑤－④より

$$d+e+f=196 \quad \cdots\cdots ⑥$$

$\therefore \quad d+e+f+20=216$ **（人）** 答

（2）3種類すべては買わなかったが，どれか2種類を買った人は$d+e+f$（人）なので，⑥より

$d+e+f=196$ **（人）** 答

（3）1種類だけ買った人は$a+b+c$（人）なので，⑤－⑥×2

Process

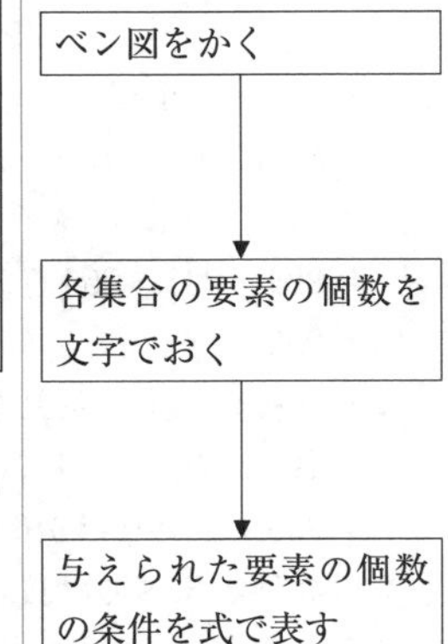

より

$$a+b+c=667-196\times2=275\ (\text{人})$$ 答

＊別解　集合と要素の個数に関する公式

（ⅰ）$n(\overline{A})=n(U)-n(A)$（$U$：全体集合）
（ⅱ）$n(A\cup B\cup C)=n(A)+n(B)+n(C)-\{n(A\cap B)+n(B\cap C)+n(C\cap A)\}+n(A\cap B\cap C)$

を用いて考えると，次のようになる。

条件より

$$n(U)=500,\ n(A)=224,\ n(B)=237,\ n(C)=266$$
$$n(A\cap B\cap C)=20,\ n(\overline{A\cup B\cup C})=9$$

であるから，（ⅰ）より

$$n(A\cup B\cup C)=n(U)-n(\overline{A\cup B\cup C})=500-9=491$$

したがって，（ⅱ）より

$$n(A\cap B)+n(B\cap C)+n(C\cap A)$$
$$=n(A)+n(B)+n(C)+n(A\cap B\cap C)-n(A\cup B\cup C)$$ ⇦
$$=224+237+266+20-491$$
$$=256$$

$n(A\cap B)+n(B\cap C)+n(C\cap A)$によって，$n(A\cap B\cap C)$は3回数えられていることに注意。

$n(A\cap B)$

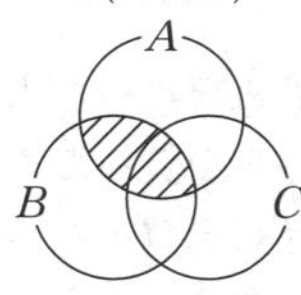

$n(B\cap C)$

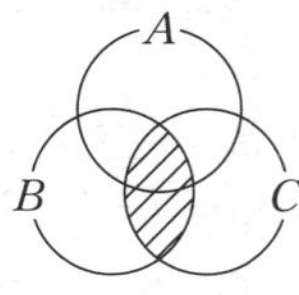

$n(C\cap A)$

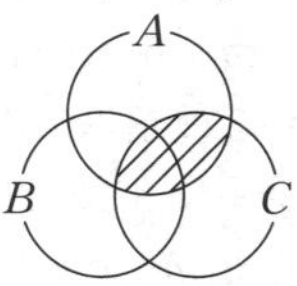

（1）2種類以上の商品を買った人の人数は

$$n(A\cap B)+n(B\cap C)+n(C\cap A)-2\times n(A\cap B\cap C)$$
$$=256-2\times20=216\ (\text{人})$$

（2）3種類すべては買わなかったが，どれか2種類の商品を買った人の人数は，（1）の結果から

$$216-n(A\cap B\cap C)=216-20=196\ (\text{人})$$

（3）1種類だけを買った人の人数は，（1）の結果から

$$n(A\cup B\cup C)-216=491-216=275\ (\text{人})$$

集合の要素の個数はベン図を用いて考える！

3 必要条件・十分条件の判定 Lv.★★★

問題は9ページ

考え方 xy 平面上において，各条件を図形や領域として表し，視覚的に考えるとわかりやすい。「$p \Longrightarrow q$ が真である」は，「(p が成り立つ点の集合)⊂(q が成り立つ点の集合)という包含関係が成立する」と読みかえることができる。

解答

(1) $x^2+y^2<1$ の表す領域は左下図の斜線部分であり，$-1<x<1$ の表す領域は右下図の斜線部分である（ともに境界を含まない）。

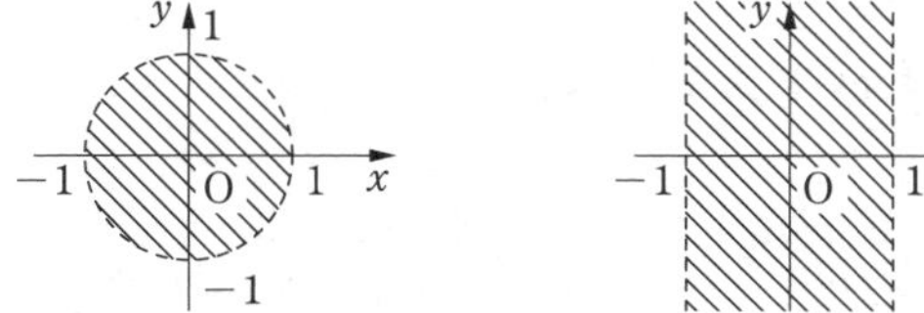

よって，領域 $x^2+y^2<1$ は領域 $-1<x<1$ に含まれるから，$x^2+y^2<1$ は，$-1<x<1$ であるための**十分条件ではあるが，必要条件ではない。**

⇨(イ) 答

(2) $-1<x<1$ かつ $-1<y<1$ の表す領域は左下図の斜線部分であり，$x^2+y^2<1$ の表す領域は右下図の斜線部分である（ともに境界を含まない）。

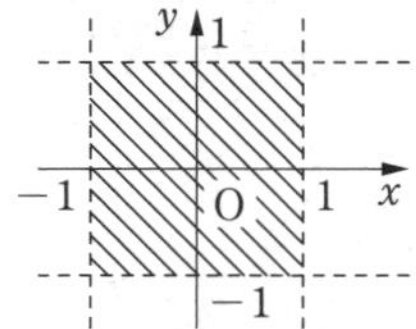

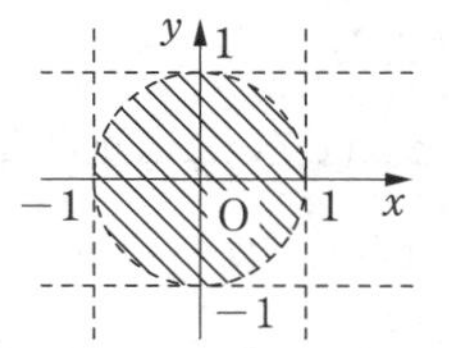

よって，領域 $-1<x<1$ かつ $-1<y<1$ は領域 $x^2+y^2<1$ を含むから，$-1<x<1$ かつ $-1<y<1$ は $x^2+y^2<1$ であるための**必要条件ではあるが，十分条件ではない。**

⇨(ア) 答

Process

$x^2+y^2<1$ の表す領域を図示
↓
$-1<x<1$ の表す領域を図示
↓
包含関係を考える

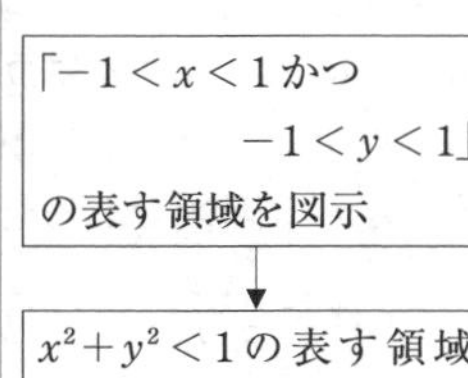

「$-1<x<1$ かつ $-1<y<1$」の表す領域を図示
↓
$x^2+y^2<1$ の表す領域を図示
↓
包含関係を考える

必要条件・十分条件は
包含関係に注目して把握しよう

4　背理法　Lv.★★★

問題は9ページ

考え方　無理数であることを証明するためには，背理法を用いるとよい。たとえば $\sqrt{2}$ を有理数と仮定すると，$\sqrt{2}$ は既約分数 $\dfrac{q}{p}$ (p，q は整数，$p \neq 0$) と表せる (とくに $\sqrt{2}>0$ より p，q は自然数としてよい)。このとき p，q は互いに素であるから，このことを利用して矛盾を導こう。
（2）①は，結論の方が式が立てやすいので，対偶を証明するとラクである。

解答

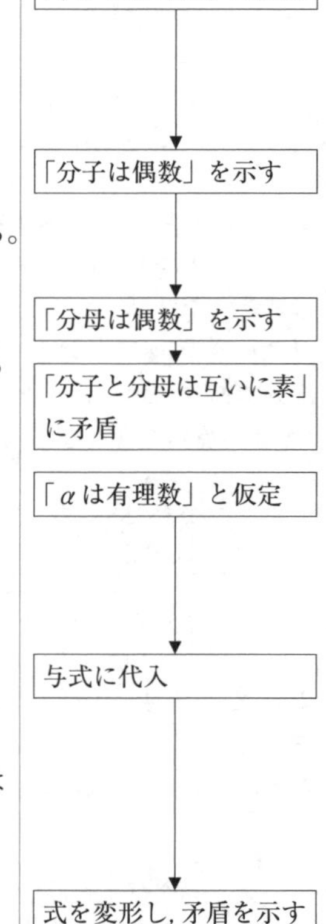
Process
「$\sqrt{2}$ は有理数」と仮定
「分子は偶数」を示す
「分母は偶数」を示す
「分子と分母は互いに素」に矛盾
「α は有理数」と仮定
与式に代入
式を変形し，矛盾を示す

（1）①　$\sqrt{2}$ が有理数であると仮定すると

$$\sqrt{2}=\frac{q}{p}\quad（ただし，p と q は互いに素な自然数）$$

と表せる。両辺を2乗すると

$$2=\frac{q^2}{p^2} \iff q^2=2p^2$$

右辺は偶数であるから，q^2 は偶数，すなわち，q も偶数である。
よって，$q=2q'$ (q' は自然数) とおけて

$$2p^2=(2q')^2 \iff p^2=2q'^2$$

p^2 は偶数であるから，p も偶数である。すなわち，p も q も偶数となり，p と q は互いに素であることに矛盾する。
したがって，仮定は誤りで，$\sqrt{2}$ は無理数である。　(証終)

②　α が有理数であると仮定すると

$$\alpha=\pm\frac{s}{t}\quad（ただし，s と t は互いに素な自然数）$$

と表せる。α は $\alpha^3+\alpha+1=0$ をみたすから

$$\left(\pm\frac{s}{t}\right)^3\pm\frac{s}{t}+1=0 \iff \frac{s^3}{t}=-t(s\pm t)\quad（複号同順）$$

$$\cdots\cdots\cdots\cdots\cdots\cdots(*)$$

右辺は整数であるから，左辺も整数でなければならず，s，t は互いに素な自然数であるから，$t=1$ である。
よって，$(*)$より

$$\pm s^3\pm s+1=0 \iff s(s^2+1)=\mp 1\quad（複号同順）$$

s は自然数なので，$s \geqq 1$，$s^2+1>1$ であるから(左辺) >1 となり，(右辺) $=\pm 1$ に矛盾する。
したがって，仮定は誤りで，α は無理数である。　(証終)

（2）①　対偶

「nが3の倍数でないならば，n^3は3の倍数でない」を証明する。

$n=1$のとき，$n^3=1^3=1$は3の倍数でないので成り立つ。

$n=3k\pm1$（kは自然数）とおくと

$$n^3=(3k\pm1)^3=27k^3\pm27k^2+9k\pm1$$
$$=3(9k^3\pm9k^2+3k)\pm1$$

よって，n^3は3の倍数でない。

対偶が真であるので，元の命題も真である。　（証終）

② $\sqrt[3]{3}$が有理数であると仮定すると

$$\sqrt[3]{3}=\frac{u}{v}$$ （ただし，uとvは互いに素な自然数）

と表せる。両辺を3乗すると

$$3=\frac{u^3}{v^3}\Longleftrightarrow u^3=3v^3$$

右辺は3の倍数であるから，u^3は3の倍数であり，（2）①よりuも3の倍数である。

よって，$u=3u'$（u'は自然数）とおけて

$$(3u')^3=3v^3\Longleftrightarrow v^3=3^2u'^3$$

v^3は3の倍数であるから，（2）①よりvも3の倍数である。すなわち，uもvも3の倍数であり，u，vは互いに素であることに反する。

したがって，仮定は誤りで，$\sqrt[3]{3}$は無理数である。　（証終）

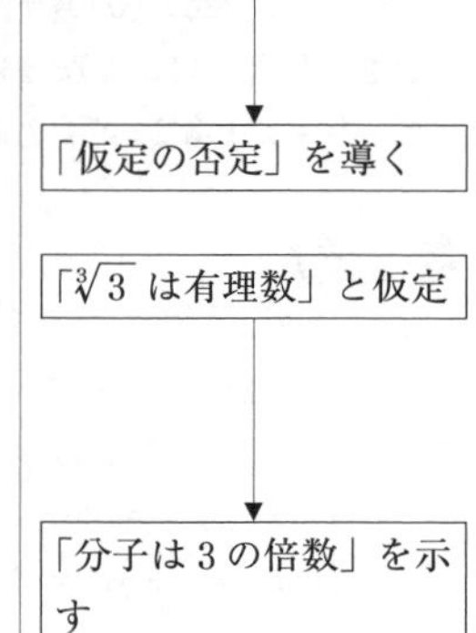

「分母は3の倍数」を示す

「分子と分母は互いに素」に矛盾

解説　命題「$p\Longrightarrow q$」が真であることを証明するときに，条件pのもとで，qでないと仮定して矛盾を導くことにより，命題「$p\Longrightarrow q$」が真であると結論する証明方法を背理法という。

背理法は，結論が，「少なくとも」，「または」，「でない」など，否定した方が扱いやすそうな場合に有効である。無理数とは「有理数でない実数」のことであるから，「有理数である」として矛盾を導けばよい。

否定的な命題には背理法が有効！

5　3次方程式の解と係数の関係　Lv.★★★

問題は10ページ

考え方　3 文字の対称式の値を求める問題であるから，基本対称式を用いて変形していけばよい。基本対称式の値は，3 次方程式の解と係数の関係から求められる。

また，高次の式の値を計算するときは，次数を下げて考えることがセオリーである。本問では，与えられた 3 次方程式が「次数下げの道具」となっている。これを用いてより簡単な式にしてから計算するとよい。

解答

3 次方程式

$$x^3-2x^2+3x-4=0$$

の解が α，β，γ であるから，解と係数の関係より

$$\begin{cases}\alpha+\beta+\gamma=2\\ \alpha\beta+\beta\gamma+\gamma\alpha=3\\ \alpha\beta\gamma=4\end{cases}$$

したがって

$$\begin{aligned}\alpha^2+\beta^2+\gamma^2&=(\alpha+\beta+\gamma)^2-2(\alpha\beta+\beta\gamma+\gamma\alpha)\\&=2^2-2\cdot3\\&=-2\end{aligned}$$

また，α，β，γ は与えられた 3 次方程式の解なので

$$\alpha^3=2\alpha^2-3\alpha+4 \quad \cdots\cdots ①$$

$$\beta^3=2\beta^2-3\beta+4 \quad \cdots\cdots ②$$

$$\gamma^3=2\gamma^2-3\gamma+4 \quad \cdots\cdots ③$$

をみたす。よって，辺々たして

$$\begin{aligned}\alpha^3+\beta^3+\gamma^3&=2(\alpha^2+\beta^2+\gamma^2)-3(\alpha+\beta+\gamma)+4\times3\\&=2\cdot(-2)-3\cdot2+12\\&=2\end{aligned}$$

である。

次に

①×α より　$\alpha^4=2\alpha^3-3\alpha^2+4\alpha$

②×β より　$\beta^4=2\beta^3-3\beta^2+4\beta$

③×γ より　$\gamma^4=2\gamma^3-3\gamma^2+4\gamma$

であるから，辺々たして

Process

解と係数の関係から基本対称式の値を得る

↓

$\alpha^2+\beta^2+\gamma^2$ の値を求める

↓

次数下げを利用して $\alpha^3+\beta^3+\gamma^3$ の値を求める

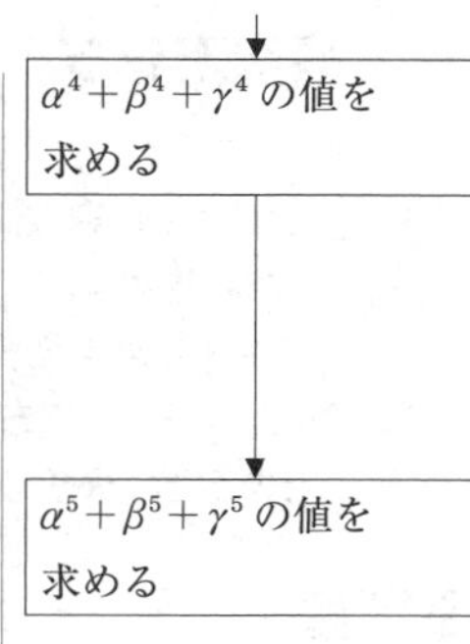
$\alpha^4+\beta^4+\gamma^4$ の値を求める
$\alpha^5+\beta^5+\gamma^5$ の値を求める

$$\begin{aligned}&\alpha^4+\beta^4+\gamma^4\\&=2(\alpha^3+\beta^3+\gamma^3)-3(\alpha^2+\beta^2+\gamma^2)+4(\alpha+\beta+\gamma)\\&=2\cdot2-3\cdot(-2)+4\cdot2\\&=18\end{aligned}$$ 答

である。

同様にして

$$\begin{aligned}&\alpha^5+\beta^5+\gamma^5\\&=2(\alpha^4+\beta^4+\gamma^4)-3(\alpha^3+\beta^3+\gamma^3)+4(\alpha^2+\beta^2+\gamma^2)\\&=2\cdot18-3\cdot2+4\cdot(-2)\\&=22\end{aligned}$$ 答

である。

解説　3 次方程式 $ax^3+bx^2+cx+d=0$ $(a\neq0)$ の解を α, β, γ とすると

$$\alpha+\beta+\gamma=-\frac{b}{a},\ \alpha\beta+\beta\gamma+\gamma\alpha=\frac{c}{a},\ \alpha\beta\gamma=-\frac{d}{a}$$

が成り立つ(逆も成り立つ)。これは 3 次方程式の左辺が

$$ax^3+bx^2+cx+d=a(x-\alpha)(x-\beta)(x-\gamma)$$

と因数分解でき，この式の両辺の係数を比較することから得られる。

ところで，$\alpha+\beta+\gamma$, $\alpha\beta+\beta\gamma+\gamma\alpha$, $\alpha\beta\gamma$ は 3 文字の基本対称式である。このように，解と係数の関係と対称式は深い関わりをもっている。

別解　整式の除法を用いて次数を下げてもよい。x^4 を x^3-2x^2+3x-4 で割ると

$$x^4=(x^3-2x^2+3x-4)(x+2)+x^2-2x+8$$

であるから，$x=\alpha$ を代入すると $\alpha^3-2\alpha^2+3\alpha-4=0$ より

$$\alpha^4=\alpha^2-2\alpha+8$$

同様にして，$\beta^4=\beta^2-2\beta+8$, $\gamma^4=\gamma^2-2\gamma+8$ であるから

$$\begin{aligned}\alpha^4+\beta^4+\gamma^4&=(\alpha^2+\beta^2+\gamma^2)-2(\alpha+\beta+\gamma)+8\times3\\&=-2-2\cdot2+24\\&=18\end{aligned}$$

核心はココ！

高次の対称式の値は，解と係数の関係を利用し，次数下げをして求めよう！

第2章　式と証明，方程式と不等式

6　高次方程式　Lv.★★★

問題は10ページ

考え方　（1）実数係数の方程式が虚数 α を解にもつとき，その共役な複素数 $\overline{\alpha}$ も解であることを利用する。
（2）解が α しか与えられていないが，（1）と同様に $\overline{\alpha}$ も解になるため，実数解を1つ文字でおくだけで，3次方程式を表すことができる。このように，問題文から隠れた条件を見つけ，できるだけ未知数の少ない式を立てることは大切である。

解答

（1）複素数 $\alpha=\dfrac{3+\sqrt{7}\,i}{2}$ を解にもつ実数係数の方程式は，$\overline{\alpha}=\dfrac{3-\sqrt{7}\,i}{2}$ も解にもつから，これらを2解とする2次方程式は

$$\left(x-\frac{3+\sqrt{7}\,i}{2}\right)\left(x-\frac{3-\sqrt{7}\,i}{2}\right)=0$$

$\therefore\quad x^2-3x+4=0$　答

（2）（1）より，x^3+ax^2+bx+c は x^2-3x+4 を因数にもつから，与えられた3次方程式の実数解を γ とおくと

$$x^3+ax^2+bx+c=(x-\gamma)(x^2-3x+4)$$

$$\therefore\quad x^3+ax^2+bx+c=x^3-(\gamma+3)x^2+(3\gamma+4)x-4\gamma$$

と表せる。両辺の係数を比較して

$$\begin{cases} a=-\gamma-3 & \cdots\cdots① \\ b=3\gamma+4 & \cdots\cdots② \\ c=-4\gamma & \cdots\cdots③ \end{cases}$$

ここで，a は整数であるから，①より γ も整数であることがわかる。このことと $0\leqq\gamma\leqq1$ であることから

$\gamma=0$ または 1

したがって，求める整数の組 $(a,\ b,\ c)$ は①～③より

$(a,\ b,\ c)=(-3,\ 4,\ 0),\ (-4,\ 7,\ -4)$　答

Process

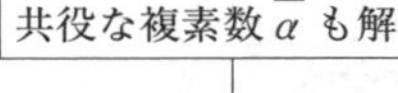
共役な複素数 $\overline{\alpha}$ も解

↓

虚数解 α，$\overline{\alpha}$ と実数解 γ をもつ3次方程式を立式

↓

実数解 γ を求める

解説　実数係数の方程式

$$f(x)=a_nx^n+a_{n-1}x^{n-1}+\cdots+a_1x+a_0=0\quad\cdots\cdots(*)$$

が虚数解 α をもつとき，それと共役な複素数 $\overline{\alpha}$ も方程式 $(*)$ の解である。

これは次のように証明できる。

《証明》方程式(＊)に虚数解 α を代入すると

$$f(\alpha)=a_n\alpha^n+a_{n-1}\alpha^{n-1}+\cdots+a_1\alpha+a_0=0$$

両辺に共役な複素数をとると

$$\overline{a_n\alpha^n+a_{n-1}\alpha^{n-1}+\cdots+a_1\alpha+a_0}=\overline{0}$$

$$\therefore\quad \overline{a_n}\,(\overline{\alpha})^n+\overline{a_{n-1}}\,(\overline{\alpha})^{n-1}+\cdots+\overline{a_1}\,\overline{\alpha}+\overline{a_0}=0$$

a_k $(k=0,\ 1,\ 2,\ \cdots,\ n)$ は実数であるから

$$a_n\,(\overline{\alpha})^n+a_{n-1}\,(\overline{\alpha})^{n-1}+\cdots+a_1\overline{\alpha}+a_0=0$$

よって，$f(\overline{\alpha})=0$ が成り立つから，$\overline{\alpha}$ も(＊)の解である。（証終）

なお，複素数係数の方程式では成り立つとは限らないので，注意しよう。

＊別解　(1)は，2次方程式に $\alpha=\dfrac{3+\sqrt{7}\,i}{2}$ を代入する方針でもよい。

すなわち

$$\left(\frac{3+\sqrt{7}\,i}{2}\right)^2+p\cdot\frac{3+\sqrt{7}\,i}{2}+q=0$$

$$\therefore\quad 2+6p+4q+(6+2p)\sqrt{7}\,i=0$$

複素数の相等より

$$\begin{cases}2+6p+4q=0\\6+2p=0\end{cases}$$

$$\therefore\quad \begin{cases}p=-3\\q=4\end{cases}$$

または，2乗して2次方程式をつくるという方針でもよい。すなわち

$$\alpha=\frac{3+\sqrt{7}\,i}{2}\iff 2\alpha-3=\sqrt{7}\,i$$

両辺を2乗すると

$$4\alpha^2-12\alpha+9=-7$$

$$\therefore\quad \alpha^2-3\alpha+4=0$$

したがって，α は2次方程式 $x^2-3x+4=0$ の解である。

実数係数の方程式が虚数解 α をもつときは
共役な複素数 $\overline{\alpha}$ も解である！

7 余りの問題 Lv.★★★

問題は11ページ

考え方 （1）1次式で割った余りについては剰余の定理を利用し，2次以上の式で割った余りについては除法の原理を利用して考えるとよい。

（2）$xp(x)$ を $(x-3)(x-2)^2$ で割ったときの商を $Q(x)$，余りを $R(x)$ とすると

$$xp(x)=(x-3)(x-2)^2Q(x)+R(x)$$

とおけるので，この式をつくることを目標にすればよい。まずは与えられた条件を整理することから始めよう。なお，余り $R(x)$ を求める際は，（$R(x)$ の次数）<（$Q(x)$ の次数）に注意すること。

解答

（1）$p(x)$ を $x-3$ で割った余りは2だから，剰余の定理より

$$p(3)=2$$

また，$p(x)$ を $(x-2)^2$ で割った余りが $x+1$ で，商を $q(x)$ とするとき

$$p(x)=(x-2)^2q(x)+x+1 \quad \cdots\cdots ①$$

よって

$$p(3)=(3-2)^2q(3)+4=2$$

$$\therefore \quad q(3)=-2$$

剰余の定理より，$q(x)$ を $x-3$ で割った余りは　-2　答

（2）$q(x)$ を $x-3$ で割った商を $q_1(x)$ とする。

（1）より $q(x)=(x-3)q_1(x)-2$ なので，これを①に代入して

$$p(x)=(x-2)^2(x-3)q_1(x)-2(x-2)^2+x+1$$

$$\therefore \quad xp(x)=x(x-2)^2(x-3)q_1(x)-2x(x-2)^2+x^2+x$$

ここで，$x(x-2)^2=(x-3)(x-2)^2+3(x-2)^2$ だから

$$xp(x)=(x-3)(x-2)^2\{xq_1(x)-2\}-6(x-2)^2+x^2+x$$

よって，$xp(x)$ を3次式 $(x-3)(x-2)^2$ で割った余りは

$$-6(x-2)^2+x^2+x=-5x^2+25x-24$$　答

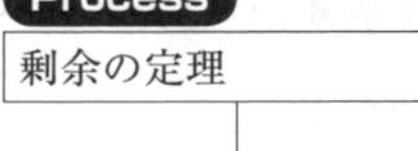

Process

剰余の定理
↓
除法の原理から立式

与えられた条件を整理
↓
代入して式変形
↓
余りが求まるように $xp(x)$ を変形する

整式の余りの問題は除法の原理を利用！

8 相加・相乗平均の関係 Lv.★★★

問題は11ページ

考え方 (1) $\dfrac{y}{x}$ と $\dfrac{x}{y}$ がともに正であることと，$\dfrac{y}{x}$ と $\dfrac{x}{y}$ の積が定数であることから，相加・相乗平均の関係を利用するとよい。

(2) 左辺を展開すると，(1)の左辺と同じような2項の組が現れることに着目しよう。

解答

(1) $x>0$，$y>0$ より $\dfrac{y}{x}>0$，$\dfrac{x}{y}>0$ なので，相加・相乗平均の関係から

$$\frac{y}{x}+\frac{x}{y} \geqq 2\sqrt{\frac{y}{x}\cdot\frac{x}{y}}$$

よって

$$\frac{y}{x}+\frac{x}{y} \geqq 2$$

等号が成立するための条件は

$\dfrac{y}{x}=\dfrac{x}{y}$ すなわち $x=y$ 答　(証終)

(2) $(a_1+\cdots+a_n)\left(\dfrac{1}{a_1}+\cdots+\dfrac{1}{a_n}\right) \geqq n^2$ ……………………①

$n \geqq 2$ のとき，①の左辺を展開すると

$$(a_1+\cdots+a_n)\left(\frac{1}{a_1}+\cdots+\frac{1}{a_n}\right)$$

$$=\left(\frac{a_1}{a_1}+\frac{a_1}{a_2}+\cdots+\frac{a_1}{a_n}\right)+\left(\frac{a_2}{a_1}+\frac{a_2}{a_2}+\cdots+\frac{a_2}{a_n}\right)+\cdots+\left(\frac{a_n}{a_1}+\frac{a_n}{a_2}+\cdots+\frac{a_n}{a_n}\right)$$

$$=n+\left(\frac{a_1}{a_2}+\frac{a_2}{a_1}\right)+\left(\frac{a_1}{a_3}+\frac{a_3}{a_1}\right)+\cdots+\left(\frac{a_i}{a_j}+\frac{a_j}{a_i}\right)+\cdots+\left(\frac{a_{n-1}}{a_n}+\frac{a_n}{a_{n-1}}\right)$$

ここで，$(i,\ j)$ の組は，1から n までの自然数から異なる2数を選ぶ組合せになるので

Process

左辺を展開する

↓

積が定数である2項に着目する

$$ {}_nC_2=\frac{n(n-1)}{2}\ (\text{組}) $$

このすべての$(i,\ j)$の組について，（1）から

$$ \frac{a_i}{a_j}+\frac{a_j}{a_i}\geqq 2 $$

等号が成立するための条件は

$$ a_i=a_j $$

よって，①の左辺について

$$ (a_1+\cdots+a_n)\left(\frac{1}{a_1}+\cdots+\frac{1}{a_n}\right) $$

$$ \geqq n+2+2+\cdots+2=n+2\cdot\frac{n(n-1)}{2} $$

$$ =n^2 $$

が成立し，等号が成立するための条件は

$$ a_1=a_2=\cdots=a_n $$ 答

$n=1$のとき，

$$ (\text{左辺})=a_1\cdot\frac{1}{a_1}=1,\ (\text{右辺})=1^2=1 $$

より等号はつねに成立する。 答　　（証終）

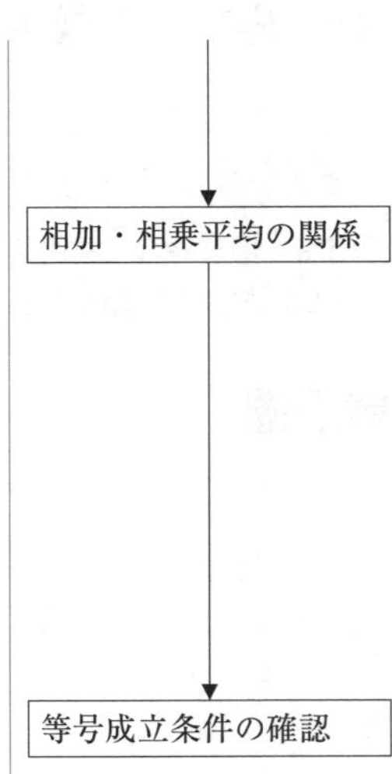

積が定数になる正の 2 項が出てきたら，
相加・相乗平均の関係を利用！

9 不定方程式① Lv.★★★

問題は12ページ

考え方 方程式の整数解を求めるので，整数の特徴が活かせるように式変形しよう。

(1) 与式は分母を払うと因数分解できるので，約数・倍数の関係が使える。

(2) 不等式 $\frac{1}{p} \geqq \frac{1}{q} \geqq \frac{1}{r}$ が成り立つので，正の整数 p の値の範囲が絞り込める。文字の数が 2 つになるので，あとは(1)と同様に処理すればよい。

解答

(1) 与式の両辺に pq をかけて

$$q+p=pq \qquad \therefore \quad (p-1)(q-1)=1$$

$p-1$，$q-1$ は $0 \leqq p-1 \leqq q-1$ をみたす整数だから

$$\begin{cases} p-1=1 \\ q-1=1 \end{cases} \qquad \therefore \quad p=q=2 \quad \text{答}$$

(2) $0<p \leqq q \leqq r$ だから

$$\frac{1}{p}=1-\frac{1}{q}-\frac{1}{r}<1$$

かつ

$$1=\frac{1}{p}+\frac{1}{q}+\frac{1}{r} \leqq \frac{1}{p}+\frac{1}{p}+\frac{1}{p}=\frac{3}{p}$$

が成り立ち，p は $1<p \leqq 3$ をみたす。よって　$p=2,\ 3$

(ア) $p=2$ のとき，$2 \leqq q \leqq r$ で，与式は

$$\frac{1}{q}+\frac{1}{r}=\frac{1}{2} \qquad \therefore \quad (q-2)(r-2)=4$$

$0 \leqq q-2 \leqq r-2$ だから　$(q-2,\ r-2)=(1,\ 4),\ (2,\ 2)$

(イ) $p=3$ のとき，$3 \leqq q \leqq r$ で，与式は

$$\frac{1}{q}+\frac{1}{r}=\frac{2}{3} \qquad \therefore \quad (2q-3)(2r-3)=9$$

$3 \leqq 2q-3 \leqq 2r-3$ だから　$(2q-3,\ 2r-3)=(3,\ 3)$

したがって　$(p,\ q,\ r)=(2,\ 3,\ 6),\ (2,\ 4,\ 4),\ (3,\ 3,\ 3)$ 答

Process

因数分解
↓
約数・倍数の関係から，整数解を考える

不等式から，正の整数 p の値の範囲を絞り込む
↓
以下，(1)と同様

方程式の整数解は，因数分解や値の範囲の絞り込みにより求めよ！

10 不定方程式② Lv.★★★

問題は12ページ

考え方 割り切れる条件を考えるので，約数・倍数の関係に注目しよう。与式は $a^2-a=a(a-1)$ と因数分解できることから，10000 の約数を考えればよい。このとき，連続する 2 つの整数 a と $a-1$ が互いに素であることに気づきたい。すると，方程式の整数解を求めることに帰着できるので，整数の特徴を活かせるように式変形しよう。

解答

$$a^2-a=a(a-1),\ 10000=5^4\cdot 2^4$$

a と $a-1$ は連続する整数だから，a は奇数より $a-1$ は偶数である。また，a と $a-1$ は互いに素であるから

$$\begin{cases} a=5^4x=625x & (x\text{ は正の奇数}) \\ a-1=2^4y=16y & (y\text{ は自然数}) \end{cases}$$

とおける。a を消去すると　$625x=16y+1$ …………①

ここで

$$625=16\times 39+1 \quad \cdots\cdots②$$

であるから，①－②より

$$625(x-1)=16(y-39)$$

625 と 16 は互いに素であり，x は正の奇数，y は自然数であるから，k を 0 以上の整数として

$$x-1=16k,\ y-39=625k$$

$$\therefore\ x=16k+1,\ y=625k+39$$

したがって　$a=625(16k+1)=10000k+625$

a は 3 以上 9999 以下の奇数であるから

$k=0$ のみ　$\therefore$　$a=625$ **答**

Process

因数分解，素因数分解

↓

連続する 2 つの整数が互いに素に注目して，約数・倍数の関係を利用

↓

ユークリッドの互除法を利用して，不定方程式をみたす x，y の組を 1 つ見つける

! 解説 連続する 2 つの整数 a と $a-1$ が互いに素であることに気づかないと，$a-1=2^4\cdot 1\times y$，$a-1=2^4\cdot 5\times y$，…と何通りも調べなければならない。

連続する 2 つの整数は互いに素

11 余りによる分類① Lv.★★★

問題は13ページ

考え方 （1）余りの問題では，実験して周期性をつかむとよい。$a^2(a=1,\ 2,\ 3,\ \cdots)$を3で割った余りを求めると，1，1，0，1，1，0，…となり，周期3で繰り返すことが予想できる。そこで，aを3で割った余りで場合を分けて証明しよう。

（2）a，b，cの中に3の倍数があることを示せばよい。与えられた条件と（1）から，a^2，b^2，c^2を3で割った余りを考えよう。

（3）このままでは求められないので，必要条件からa，bの値の範囲を絞り込むのがポイント。与式を$b^2=c^2-a^2$の形に変形すれば，右辺は因数分解できること，また，（2）からa，bを3で割った余りがわかることに注目しよう。

解答

（1）正の整数aは，正の整数nを用いて，$a=3n-2,\ 3n-1,\ 3n$のいずれかで表すことができる。

（ア）$a=3n-2$のとき

$$a^2=(3n-2)^2=3(3n^2-4n+1)+1$$

より，a^2を3で割った余りは1である。

（イ）$a=3n-1$のとき

$$a^2=(3n-1)^2=3(3n^2-2n)+1$$

より，a^2を3で割った余りは1である。

（ウ）$a=3n$のとき

$$a^2=(3n)^2=3\cdot 3n^2$$

より，a^2を3で割った余りは0である。

よって，a^2を3で割った余りは0または1である。（証終）

（2）（1）よりc^2を3で割った余りは0または1であるから，$a^2+b^2=c^2$をみたすとき，a^2+b^2を3で割った余りは0または1である。また，a^2，b^2を3で割った余りは0または1より

$$a^2=3k+R,\ b^2=3l+r$$

（ただし，k，lは0以上の整数，R，rは0または1）

とおくことができる。すると

$$a^2+b^2=3(k+l)+R+r$$

であるから，a^2+b^2を3で割った余りが0または1になるのは

$$(R,\ r)=(0,\ 0),\ (0,\ 1),\ (1,\ 0)$$

のときである。ゆえに，a^2，b^2の少なくとも一方は3の倍数であるから，（1）よりa，bの少なくとも一方は3の倍数である。よって，abcは3の倍数である。（証終）

Process

実験して余りの周期性をつかみ，aを3で割った余りで場合分けする

↓

3で割った余りがわかるように変形する

（3）225は3の倍数より，a^2+b^2 も3の倍数である。これは（2）の $(R, r)=(0, 0)$ のときであるから，a^2，b^2 はともに3の倍数である。ゆえに，（1）より a，b ともに3の倍数である。

また，$a>0$，$b>0$ より

$$b^2=(15+a)(15-a)>0 \qquad \therefore \quad 0<a<15$$

であるから，$a=3$，6，9，12であり，このとき $b^2=216$，189，144，81である。b は正の整数かつ3の倍数であることに注意して

$$(a,\ b)=(9,\ 12),\ (12,\ 9)$$ 答

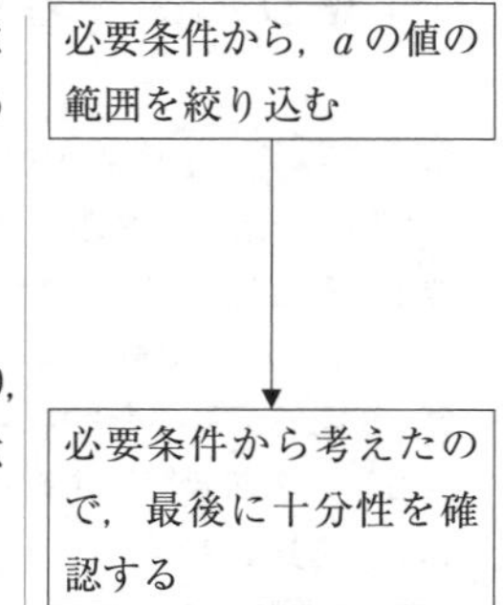
必要条件から，aの値の範囲を絞り込む
必要条件から考えたので，最後に十分性を確認する

解説 整数問題特有の考え方を整理しておこう。

整数問題では扱う対象が多いため，「代入してしらみつぶしに検討する」という手法では，限られた試験時間の中で完答するのは難しい。そこで，整数の特徴に着目して，処理量を減らす工夫が必要になる。その際の有効な考え方として代表的なものが

（ア）約数・倍数の関係の利用

（イ）余りによる分類

（ウ）不等式による値の範囲の絞り込み

（ア）は，「方程式の整数解」や「割り切れる条件」などを考えるときに有効で，（3）のように因数分解をして積の形をつくったり，素因数分解をしたりすることで，約数や倍数に注目することである。

（イ）は，偶数・奇数（2で割った余り）で分ける，（1）のように3で割った余りで分けるなど

ある整数で割った余りで分類して，整数の性質を考える

ことである。

（ウ）は

有限区間に含まれる整数は有限個である

を用いて，考察すべき範囲を限定することである。（3）では，$b^2=(15+a)(15-a)>0$ から a の値の範囲を絞り込んでいる。

核心はココ！

余りの問題では，実験して周期性をつかめ！

12 余りによる分類② Lv.★★★

問題は13ページ

考え方 素数は無数に存在するので，すべての素数について調べることはできない。
このような場合，整数を余りで分類するとよい。どの数で割った余りで考えればよいかは，$p=2,\ 3,\ \cdots$ と調べてみるとつかめるだろう。

解答

(1) 整数 $p\ (\geqq 2)$ に対して，3つの数の組を

$A(p)=(p,\ 2p+1,\ 4p+1)$

と表すことにする。

(i) $p=3k\ (k=1,\ 2,\ \cdots)$ のとき

$A(3k)=(3k,\ 6k+1,\ 12k+1)$

であり，$k\geqq 2$ のとき，$3k$ は素数でないから不適。また，$k=1$ のとき $A(3)=(3,\ 7,\ 13)$ であり，すべて素数であるから条件をみたす。

(ii) $p=3k+1\ (k=1,\ 2,\ \cdots)$ のとき

$A(3k+1)=(3k+1,\ 6k+3,\ 12k+5)$

$6k+3=3(2k+1)$ より，$6k+3$ は素数でないから不適。

(iii) $p=3k+2\ (k=0,\ 1,\ \cdots)$ のとき

$A(3k+2)=(3k+2,\ 6k+5,\ 12k+9)$

$12k+9=3(4k+3)$ より，$12k+9$ は素数でないから不適。

以上より，求める p の値は $p=3$ である。 答

(2) 整数 $q\ (\geqq 2)$ に対して，5つの数の組を

$B(q)=(q,\ 2q+1,\ 4q-1,\ 6q-1,\ 8q+1)$

と表すことにする。

(i) $q=5k\ (k=1,\ 2,\ \cdots)$ のとき

$B(5k)=(5k,\ 10k+1,\ 20k-1,\ 30k-1,\ 40k+1)$

であり，$k\geqq 2$ のとき，$5k$ は素数でないから不適。また，$k=1$ のとき $B(5)=(5,\ 11,\ 19,\ 29,\ 41)$ であり，すべて素数であるから条件をみたす。

(ii) $q=5k+1\ (k=1,\ 2,\ \cdots)$ のとき

$B(5k+1)=(5k+1,\ 10k+3,\ 20k+3,\ 30k+5,\ 40k+9)$

$30k+5=5(6k+1)$ より，$30k+5$ は素数でないから不適。

(iii) $q=5k+2\ (k=0,\ 1,\ \cdots)$ のとき

$B(5k+2)=(5k+2,\ 10k+5,\ 20k+7,\ 30k+11,\ 40k+17)$

$10k+5=5(2k+1)$ より，$k\geqq 1$ のとき，$10k+5$ は素数でな

Process

整数を3で割った余りで分類
↓
因数分解できる項に着目して，素数かどうかを調べる

整数を5で割った余りで分類
↓
因数分解できる項に着目して，素数かどうかを調べる

いから不適。また，$k=0$ のとき $B(2)=(2,\ 5,\ 7,\ 11,\ 17)$ であり，すべて素数であるから条件をみたす。

(iv) $q=5k+3$ $(k=0,\ 1,\ \cdots)$ のとき

$$B(5k+3)=(5k+3,\ 10k+7,\ 20k+11,\ 30k+17,\ 40k+25)$$

$40k+25=5(8k+5)$ より，$40k+25$ は素数でないから不適。

(v) $q=5k+4$ $(k=0,\ 1,\ \cdots)$ のとき

$$B(5k+4)=(5k+4,\ 10k+9,\ 20k+15,\ 30k+23,\ 40k+33)$$

$20k+15=5(4k+3)$ より，$20k+15$ は素数でないから不適。

以上より，求める q の値は $q=2,\ 5$ である。 答

解説　(1)で $A(p)$ を $p=2,\ 3,\ \cdots$ と調べて表にまとめると，下表のようになる。なお，丸付き数字は素数でない数を表している。

		$A(2)=(2,\ 5,\ ⑨)$
$A(3)=(3,\ 7,\ 13)$	$A(4)=(④,\ ⑨,\ 17)$	$A(5)=(5,\ 11,\ ㉑)$
$A(6)=(⑥,\ 13,\ ㉕)$	$A(7)=(7,\ ⑮,\ 29)$	$A(8)=(⑧,\ 17,\ ㉝)$
$A(9)=(⑨,\ 19,\ 37)$	$A(10)=(⑩,\ ㉑,\ 41)$	$A(11)=(11,\ 23,\ ㊺)$
$A(12)=(⑫,\ ㉕,\ ㊾)$	$A(13)=(13,\ ㉗,\ 53)$	$A(14)=(⑭,\ 29,\ (57))$

上表より，題意をみたす p の値は $p=3$ のみと予想でき，$p>3$ については

p が3の倍数のとき　………………………………p が素数でない数

p を3で割った余りが1のとき　……………………$2p+1$ が素数でない数

p を3で割った余りが2のとき　……………………$4p+1$ が素数でない数

であることがわかる。よって，3で割った余りで p を分類して考えるという方針を立てることができる。

整数を余りで分類すると，すべての整数について調べることができる

13 p 進法 Lv.★★★

問題は14ページ

考え方 10 進法で表した正の整数 N が p 進法で $a_n a_{n-1} \cdots a_0$ と表されるとき

$$N = a_n p^n + a_{n-1} p^{n-1} + \cdots + a_0 p^0 = \sum_{k=0}^{n} a_k p^k$$

が成り立つ。7 進法と 11 進法で表した数を立式すると，各位の数字 a_k についての関係式が得られるので，因数分解をしたり，a_k のとり得る値の範囲に注意したりして，a_k を求めればよい。

解答

10 進法で表した求める整数を N とおく。N を 7 進法で表すと 3 けたとなるから，7 進法で表した数を abc とおくと

$$N = a \cdot 7^2 + b \cdot 7^1 + c \cdot 7^0 = 49a + 7b + c \quad \cdots\cdots\cdots\cdots ①$$

また，N を 11 進法で表すと，数字の順序が 7 進法のときと逆となるから，11 進法で表した数は cba となり

$$N = c \cdot 11^2 + b \cdot 11^1 + a \cdot 11^0 = 121c + 11b + a \quad \cdots ②$$

ただし，a，b，c は $1 \leqq a \leqq 6$，$0 \leqq b \leqq 6$，$1 \leqq c \leqq 6$ をみたす整数である。よって，①，②より

$$49a + 7b + c = 121c + 11b + a$$

$$\therefore \quad b = 6(2a - 5c) \quad \cdots\cdots\cdots\cdots\cdots\cdots\cdots\cdots ③$$

となり，$2a - 5c$ は整数より b は 6 の倍数である。$0 \leqq b \leqq 6$ なので，$b = 0$，6 である。

$b = 0$ のとき，③より $2a = 5c$ で，2 と 5 は互いに素より，a は 5 の倍数である。$1 \leqq a \leqq 6$ より $a = 5$ であり，このとき $c = 2$ である。したがって，①より $N = 247$ である。

$b = 6$ のとき，③より $5c = 2a - 1$ なので，$2a - 1$ は 5 の倍数である。$1 \leqq 2a - 1 \leqq 11$ なので，$2a - 1 = 5$，10 である。a は整数より $a = 3$ であり，このとき $c = 1$ である。したがって，①より $N = 190$ である。

以上より，$N = 190$，247 である。 答

Process

7 進法と 11 進法で表した数を 10 進法で表す

↓

各位の数字の値の範囲を押さえる

↓

7 進法と 11 進法で表した数を等号で結ぶ。因数分解をしたり，値の範囲に注意したりして，各位の数字を求める

p 進法の数は，$\sum_{k=0}^{n} a_k p^k$ で 10 進法に直せ！

14 ユークリッドの互除法 Lv.★★★

問題は14ページ

考え方 （1）仮定や結論の“互いに素である”は式で表しづらいが，否定した“互いに素でない”は式で表しやすい。そこで，対偶法や背理法で示すのがポイント。

（2）（1）がヒントになっていることには気づくだろう。つまり，$\dfrac{28n+5}{21n+4}$ を $\dfrac{c}{21n+4}+d$ の形に表して，$21n+4$ と c が互いに素であることを示せばよい。

解答

（1）a と b が互いに素でないと仮定すると

$a=km$，$b=kn$（k は 2 以上の自然数，m，n は自然数）

とおくことができる。与えられた関係式に代入して

$$\frac{kn}{km}=\frac{c}{km}+d \qquad \therefore \quad c=k(n-md)$$

よって，a と c は公約数 $k(\geqq 2)$ をもつので，a と c は互いに素でない。ゆえに，対偶命題が成り立つので，もとの命題も成り立つ。（証終）

（2）$\dfrac{28n+5}{21n+4}=\dfrac{7n+1}{21n+4}+1$ であるから，$28n+5$ と $21n+4$ が互いに素であることを証明するためには，（1）より $21n+4$ と $7n+1$ が互いに素であることを示せばよい。

ここで，$\dfrac{21n+4}{7n+1}=\dfrac{1}{7n+1}+3$ であり，$7n+1$ と 1 は互いに素であるから，（1）より $21n+4$ と $7n+1$ も互いに素である。ゆえに，$28n+5$ と $21n+4$ も互いに素である。（証終）

Process

対偶法で示す。互いに素でない 2 数 a，b を式で表す

↓

与式に代入して，a と c が互いに素でないこと（公約数が 2 以上）を示す

解説 2つの自然数の最大公約数を求める方法をユークリッドの互除法といったが，$\dfrac{b}{a}=\dfrac{c}{a}+d$ は，ユークリッドの互除法において a，b の最大公約数を求める操作に他ならない。互いに素とは最大公約数が 1 ということであるから，本問の背景にはユークリッドの互除法がある。

互いに素であることを証明するときには，対偶法や背理法が有効

第4章　場合の数と確率

第8回

15　組分け問題①　Lv.★★★

問題は15ページ

考え方　モノをいくつかの組に分ける問題では「モノを区別するかどうか」,「組を区別するかどうか」の組合せによる4つのタイプがある。本問はモノも組も区別するタイプである。

(1)(i) 部屋Aに入る3人の組を決めると考えることができるので,「組合せ」を用いる。

(1)(ii) 7人がそれぞれ部屋AまたはBを選択すると考えることができるので,「重複順列」を用いるが,このとき,全員が1つの部屋に入る場合(空の部屋ができる場合)も数えていることに注意。

(3)(ii) (3)(i)で求めた場合の数は(ii)もみたしている。では,他にどんな場合があるだろうか。(i)と同様に子どもの分け方に着目して考えよう。

解答

(1)(i) ${}_7C_3 = 35$ **(通り)** 答

(ii) 空の部屋があってもよいとすると,7人をA,Bの二つの部屋に分ける分け方は

$2^7 = 128$(通り)

である。このうち,空の部屋がある場合の数は2通りあるから,どの部屋も1人以上になる分け方は

$128 - 2 = 126$ **(通り)** 答

このうち,部屋Aの人数が奇数であるとき,部屋Aの人数は1人,3人,5人のいずれかであるから

${}_7C_1 + {}_7C_3 + {}_7C_5 = 63$ **(通り)** 答

(2) 空の部屋があってもよいとすると,4人をA,B,Cの三つの部屋に分ける分け方は

$3^4 = 81$(通り)

このうち

部屋Aのみが空部屋となる分け方は

$2^4 - 2 = 14$(通り)

であるから,1部屋のみが空部屋となる分け方は

$14 \times 3 = 42$(通り)

また,2部屋が空部屋となる分け方は

3(通り)

である。

したがって,どの部屋も1人以上になる分け方は

$81 - (42 + 3) = 36$ **(通り)** 答

Process

重複順列で考える

↓

「空の部屋」の場合の数を求めて,全体からひく

（3）（ⅰ）大人4人の分け方は，（2）より36通りである。

また，子ども3人の分け方は

$3^3 = 27$（通り）

であるから，どの部屋も大人が1人以上になる分け方は

$36 \times 27 = 972$ **（通り）** 答

また，子ども3人が部屋A，B，Cに1人ずつ入る分け方は

$3! = 6$（通り）

であるから，三つの部屋に子ども3人が1人ずつ入る分け方は

$36 \times 6 = 216$ **（通り）** 答

（ⅱ）子ども3人の分け方は

（ア）各部屋に1人ずつ入る

（イ）1人と2人に分かれて入る

のいずれかである。

（ア）の場合

（ⅰ）より216通りである。

（イ）の場合

大人2人がいる一つの部屋には子どもは入らず，大人1人がいる二つの部屋に2人の子どもと1人の子どもが分かれて入ればよい。3人の子どもを1人と2人に分ける分け方が3通りであり，これら2組の子どもの部屋の決め方が2通りであるから，（イ）の場合の分け方は

$36 \times (3 \times 2) = 216$（通り）

したがって，どの部屋も大人が1人以上で，かつ，各部屋とも2人以上になる分け方は

$216 + 216 = 432$ **（通り）** 答

区別できるモノを組分けするときは，「組合せ」または「重複順列」を使おう

Z会の通信教育なら

プロによる個別
効率よく実力を

難関大の個別試験においては、より深い思
「他者に伝える力」が試されます。
こういった記述式問題の対策は、自己採
思考過程をきちんと評価してもらう学習が
Z会の通信教育なら、一人ひとりの答案
答案作成力を入試までずっと高めていき

入試採点者に伝わる答案の「書き方」を伝授！

難関大入試では、科目を問わず記述・論述力が求められます。だからZ会は、答案への表現方法も細かく指導。ただ「わかる」だけでなく、出題のポイントを押さえた上で入試採点者に的確に伝わり、「点がとれる答案」が書けるようになります。

9 10/10 (1)

take to ...

10 8/10 (2) Please have the baggage ...
by two.

① package -1
② without fail -1

① これは「(旅行者の) 手荷物」の意。「配達」とあるので, package ; parcel (小荷物 ; 小包) を用いる方が適切。
② 「必ず」の意を訳出すること。

き箇所への意識が高ま…とともに、採点基準もわかるようになります。

16 経路の問題 Lv.★★★

問題は15ページ

考え方 本問のように複雑な経路の場合は，以下の手法を組み合わせて考える。排反事象で分ける（必ず通る点で分ける），余事象を考える，直接数え上げる。

解答

(1, 5)をA，(3, 3)をB，(5, 1)をCとおく。また，(5, 5)をGとおく。

（i）Aを通りOからGへ最短距離で移動する場合の数は

$${}_6C_1 \times 1 = 6 \text{（通り）}$$

（ii）Cを通りOからGへ最短距離で移動する場合の数は

$${}_6C_1 \times 1 = 6 \text{（通り）}$$

（iii）Bを通りOからGへ最短距離で移動する場合を考える。

(2, 2)を通ってよいものとしたとき，OからBへ最短距離で移動する場合の数は${}_6C_3$通りであり，(2, 2)を通り，OからBへ最短距離で移動する場合の数は${}_4C_2 \times {}_2C_1$通りである。

したがって，(2, 2)を通らずにOからBへ最短距離で移動する場合の数は

$${}_6C_3 - {}_4C_2 \times {}_2C_1 = 8 \text{（通り）}$$

BからGへ最短距離で移動する場合の数は${}_2C_1$通りであるから，Bを通りOからGへ最短距離で移動する場合の数は

$$8 \times {}_2C_1 = 16 \text{（通り）}$$

（i）～（iii）より，求める場合の数は

$$6 + 6 + 16 = 28 \text{（通り）}$$ 答

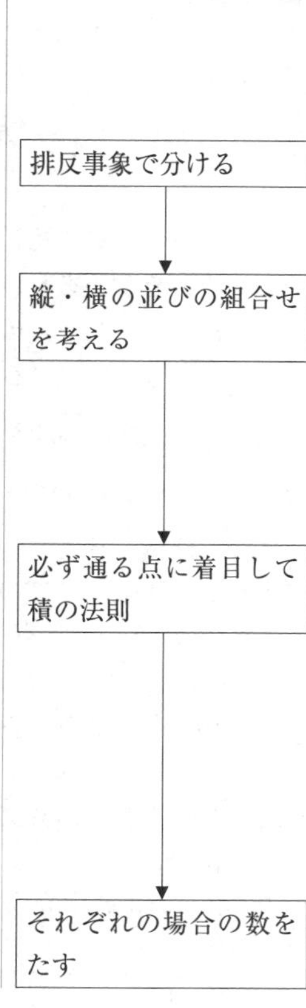

Process
排反事象で分ける
縦・横の並びの組合せを考える
必ず通る点に着目して積の法則
それぞれの場合の数をたす

核心はココ!

設定が複雑なときは，排反を意識して場合分けしよう

17　同じものを含む順列　Lv.★★★

問題は16ページ

考え方　隣り合うものは「ひとまとめ」にして考える。
隣り合わないものは，「まず隣り合ってもよいものを先に並べ，次に隣り合わないものをその間または両端に並べる」と考えるか，「隣り合うものの余事象」と考える。

解答

（1）a，b はそれぞれ 2 文字，c，d，e，f はそれぞれ 1 文字ずつあるから，これらを並べてできる文字列は全部で

$$\frac{8!}{2!\cdot 2!}=10080$$ **(通り)**　答

（2）まず，同じ文字が連続して並ぶ文字列を考える。

（i）2 つの a が連続して並ぶ場合
2 つの a をひとまとめにして
$\boxed{aa}$，b，b，c，d，e，f
の 7 個のものを並べると考えて

$$\frac{7!}{2!}=2520\ (\text{通り})$$

（ii）2 つの b が連続して並ぶ場合
（i）と同様に考えて　　2520（通り）

（iii）2 つの a，2 つの b がどちらも連続して並ぶ場合
2 つの a，2 つの b をそれぞれひとまとめにして
$\boxed{aa}$，$\boxed{bb}$，c，d，e，f
の 6 個のものを並べると考えて
$6!=720$（通り）

（i）〜（iii）より，同じ文字が連続して並ばない文字列は
$10080-(2520+2520-720)=5760$ **(通り)**　答

（3）3 つの母音字 a, a, e をひとまとめにして $\boxed{***}$ と表す。このとき
$\boxed{***}$，b，b，c，d，f
の 6 個のものを並べる並べ方は

$$\frac{6!}{2!}=360\ (\text{通り})$$

ただし，$\boxed{***}$ 内での母音字の並び方が 3 通りあるので，母音字が 3 つ連続して並ぶ文字列は
$360\times 3=1080$ **(通り)**　答

Process

- 余事象を考える
- ↓ 連続するものはひとまとめにして考える
- ↓ 並べ方の総数からひく
- 連続するものはひとまとめにして考える
- ↓ ひとまとめにしたものの中の並び方を考慮する

（4）子音字 b, b, c, d, f からなる文字列は

$$\frac{5!}{2!}=60\ (\text{通り})$$

これらの各子音字の間または両端に a, a, e をそれぞれ入れればよく，その場合の数は a の場所の決め方が ${}_6C_2$ 通りで，e の場所の決め方が ${}_4C_1$ 通りなので

$${}_6C_2\times{}_4C_1=60\ (\text{通り})$$

したがって，母音字が連続して並ばない文字列は

$$60\times60=3600\ (\text{通り})$$ 答

> 隣り合ってよいものを先に並べる
> ↓
> 隣り合わないものをその間または両端に並べる

別解 （4）は余事象を考えてもよい。集合 X の要素の数を $n(X)$ で表す。

2つの a が連続して並ぶ文字列の集合を A, a と e が「ae」の順に連続して並ぶ文字列の集合を B, a と e が「ea」の順に連続して並ぶ文字列の集合を C とすると

$$n(A)=2520,\ n(B)=\frac{7!}{2!}=2520,$$

$$n(C)=\frac{7!}{2!}=2520$$

⇦ $n(A)$ は（2）（i）の結果より。$n(B)$ は $\boxed{ae}$, a, b, b, c, d, f を並べると考える（$n(C)$ も同様）。

さらに

$$n(A\cap B)=\frac{6!}{2!}=360,\ n(B\cap C)=\frac{6!}{2!}=360,$$

$$n(C\cap A)=\frac{6!}{2!}=360,\ n(A\cap B\cap C)=0$$

⇦ $n(A\cap B)$ は $\boxed{aae}$, b, b, c, d, f を並べると考える（$n(B\cap C)$, $n(C\cap A)$ も同様）。

であるから

$$n(A\cup B\cup C)=n(A)+n(B)+n(C)$$
$$-n(A\cap B)-n(B\cap C)-n(C\cap A)+n(A\cap B\cap C)$$
$$=2520\times3-360\times3+0=6480$$

したがって，母音字が連続して並ばない文字列は

$$10080-6480=3600\ (\text{通り})$$

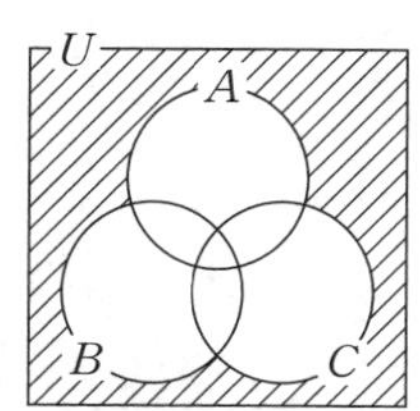

隣り合うものは「ひとまとめ」にして考えよう

18　自然数の個数　Lv.★★★

問題は16ページ

考え方　(2)(3) 地道に文字と数字の対応を「不等式の条件と照らし合わせて」考えるのは大変。そこで，不等式を基準(主役)にしていくのではなく，「数の組が決まれば数の大小は一意に定まる」ことを利用しよう。つまり「取り出した数の組を主役にする」わけだ。

解答

(1) a は万の位だから，1，2，…，9 の 9 通り。
他の位の決め方は，a の数字を除いた残り 9 個から 4 個を取る順列の総数に等しい。よって

$$9\times{}_9P_4=9\times(9\cdot8\cdot7\cdot6)=27216\ (\text{個})$$ 答

(2) $a>b$ をみたす組 $(a,\ b)$ は，9，8，…，1，0 の 10 個の数字の並びから 2 個を選ぶ場合の数に等しいので，${}_{10}C_2$ 個。
c，d，e は任意だから，求める個数は

$${}_{10}C_2\times10^3=45000\ (\text{個})$$ 答

(3) 0 を除いた 9 個から 5 個を取る組合せを考えて

$${}_9C_5={}_9C_4=\frac{9\cdot8\cdot7\cdot6}{4\cdot3\cdot2\cdot1}=126\ (\text{個})$$ 答

Process

「最高位→その他の位」の順に数を決める
↓
積の法則を用いる
↓
数の組を決めれば，一意に数の大小が定まる

数の大小についての場合の数は，「組合せ」を用いる

19 組分け問題② Lv.★★★

問題は17ページ

考え方 （1）組分けの問題では，個数が同じ組を区別するかしないかをきちんと把握しよう。本問のように「区別しない場合」には，まず，「区別した場合」の場合の数を求めてから，重複分でわることで，「区別しない場合」の場合の数が求められる。

（2）白色の球が3個あり，（1）に比べて設定が複雑。もれなく重複なく数え上げるために，排反を意識して場合分けしよう。具体的には，白球2個の組ができるかどうかに着目するとよい。

解答

（1）異なる8個の球を2個1組としてA，B，C，Dのように区別した組に分けると考えると，順に2個の決め方を考えて

$${}_8C_2\times{}_6C_2\times{}_4C_2\times{}_2C_2 \text{（通り）}$$

4つの組は実際には区別しないので，求める分け方は

$$\frac{{}_8C_2\times{}_6C_2\times{}_4C_2\times{}_2C_2}{4!}=105 \text{（通り）}$$ **答**

（2）（ア）白球2個の組がある場合

白球1個を含む残りの8個の分け方を考えればよいので，分け方は（1）と同じで　105通り

（イ）どの組も2個の球の色が異なる場合

白球と組になる3個の決め方は

$${}_7C_3=\frac{7\cdot6\cdot5}{3\cdot2\cdot1}=35 \text{（通り）}$$

そのそれぞれに対して，残り4個を2組に分ける方法は

$$\frac{{}_4C_2\times{}_2C_2}{2!}=\frac{6}{2}=3 \text{（通り）}$$

あるから

$$35\times3=105 \text{（通り）}$$

よって，（ア），（イ）より求める分け方は全部で

$$105+105=210 \text{（通り）}$$ **答**

Process

組を区別して考える

↓

区別をなくすために，重複分でわる

区別しない組に分けるときは，いったん，組を区別してから考えよう

第10回

20　多角形の頂点　Lv.★★★

問題は17ページ

考え方　（1）対角線は2個の頂点を結ぶ線分のうち，辺を除いたものであることを利用しよう。
（4）まず数えやすいように，ある1本の対角線に対して，共有点をもたない対角線の本数を考える。これをもとに全体で何組あるのかを考えるとよいが，重複して数えた組がないかに注意しよう。

解答

（1）7個の頂点のうち2個の頂点を結ぶ線分の総数は

$_7C_2 = 21$（本）

このうち7本は正七角形の辺にあたるから

$21 - 7 = 14$ **（本）**　答

（2）対角線14本のうち2本を選ぶ組合せは

$_{14}C_2 = 91$ **（通り）**　答

（3）頂点を共有する対角線は，1つの頂点に対して4本ずつあり，これから2本を選べばよい。したがって

$_4C_2 \times 7 = 42$ **（組）**　答

（4）正七角形の対角線は，長さの異なる2種類がある。右の図のように，ある短い対角線 l を固定すると，それと共有点をもたない対角線は3本ある。短い対角線は全部で7本あるから，共有点をもたない対角線の組は

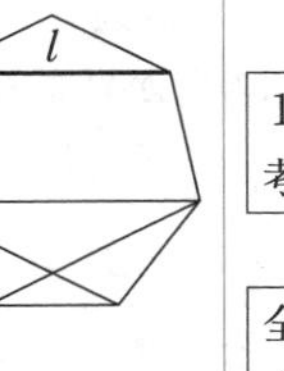
l

$3 \times 7 = 21$（組）

となるが，重複して数えている短い対角線の組が7組あるので，求める対角線の組は

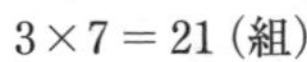

$21 - 7 = 14$ **（組）**　答

（5）正七角形の内部で交わる2本の対角線の組は，（2）の結果から，（3）と（4）の結果の和を除いたものだから

$91 - (42 + 14) = 35$ **（組）**　答

Process

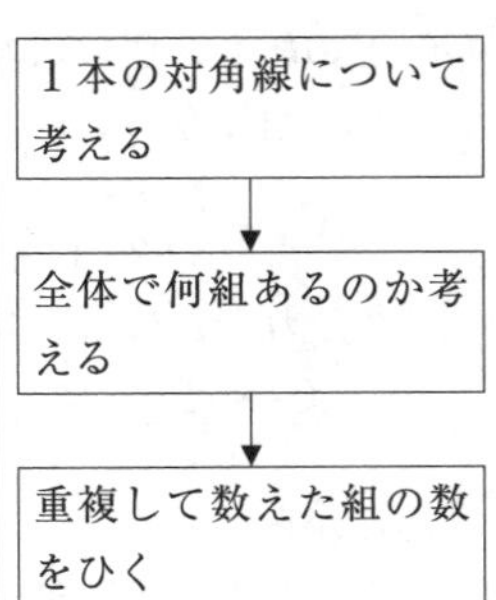
1本の対角線について考える
全体で何組あるのか考える
重複して数えた組の数をひく

核心はココ！

場合の数を数え上げるときには，重複に注意しよう

21 さいころの確率 Lv.★★★

問題は18ページ

考え方 $x_1 \leqq x_2 \leqq x_3$，$x_3 \geqq x_4 \geqq x_5$ の2式から，x_3 の値が1つ決まると $x_1 \leqq x_2 \leqq x_3$，$x_3 \geqq x_4 \geqq x_5$ をみたす組 (x_1, x_2)，(x_4, x_5) が決まるので，x_3 の値に着目する。その際，$x_3=1, 2, 3, \cdots, 6$ と6つの場合に分けて個別に考えるよりも，$x_3=k$ と文字を導入することで計算を楽に進めることができる。

解答

さいころを5回投げたときの目の出方は 6^5 通りである。

$x_3=k$ $(k=1, 2, \cdots, 6)$ のとき，$x_1 \leqq x_2 \leqq k$ をみたす組 (x_1, x_2) の個数は，1，2，…，k の k 個から重複を許して2個取る組合せの総数に等しく

$$_{k+1}\mathrm{C}_2=\frac{(k+1)k}{2}\ (個)$$

$k \geqq x_4 \geqq x_5$ をみたす組 (x_4, x_5) についても同様に $_{k+1}\mathrm{C}_2$ 個であるから，$x_3=k$ のとき，与えられた両不等式をみたす組 $(x_1, x_2, x_3, x_4, x_5)$ の個数は

$$_{k+1}\mathrm{C}_2 \times {}_{k+1}\mathrm{C}_2\ (個)$$

よって，求める確率は

$$\sum_{k=1}^{6}\frac{_{k+1}\mathrm{C}_2 \times {}_{k+1}\mathrm{C}_2}{6^5}=\frac{1}{6^5}\sum_{k=1}^{6}\left\{\frac{(k+1)k}{2}\right\}^2$$

$$=\frac{1}{6^5}(1+9+36+100+225+441)=\frac{203}{1944}\quad 答$$

Process

強い条件がかかった x_3 の値を文字 k でおく

↓

重複組合せを考える

↓

k について和をとる

解説 たとえば，1，2，3，4の4個から重複を許して2個取る組合せの総数は右下図のように仕切り｜3個と○2個，計5個の順列を考えて

$$\frac{5!}{3!\cdot 2!}\ すなわち\ _5\mathrm{C}_2$$

となる。

```
1  2  3  4
○|  |○|       ⇦ 1と3
  |  |  |○○   ⇦ 4が2個
```

核心はココ！

条件の強いものを固定して考える

第11回

22　円順列と確率　Lv.★★★

問題は18ページ

考え方　円順列は「回転すると一致するものは同一とみなす」ので，1人を固定（基準）して考えることがポイントである。

解答

$2n$ 人の中の特定の1人の男性を基準として，$2n$ 人が円卓に着席する方法は

$(2n-1)!$（通り）

である。

（1）男女が交互に着席するためには，基準の男性から1つおきの席に $n-1$ 人の男性が座り，残りの席に n 人の女性が座ればよい。このとき，男性の座り方が $(n-1)!$ 通りであり，女性の座り方が $n!$ 通りであるから，求める確率は

$$\frac{(n-1)!n!}{(2n-1)!}$$ 答

（2）一組の夫婦を基準とし，その左隣りから順に残り $n-1$ 組の夫婦が着席すると考えればよい。

$n-1$ 組の夫婦の座り方は $(n-1)!$ 通り

であり，n 組の夫婦の席の中で，夫と婦人の座る順序がそれぞれ2通りあるから，求める確率は

$$\frac{2^n(n-1)!}{(2n-1)!}$$ 答

（3）（2）において，基準となる夫婦の夫と婦人の座る順序が決まれば，残りの $n-1$ 組の夫婦の男女の順は決まる。

基準となる夫婦の夫と婦人の座る順序は2通りであるから，求める確率は

$$\frac{2(n-1)!}{(2n-1)!}$$ 答

Process

1人の男性を固定し，残りの男性を着席させる

↓

女性は着席した男性の間に1人ずつ着席させる

基準

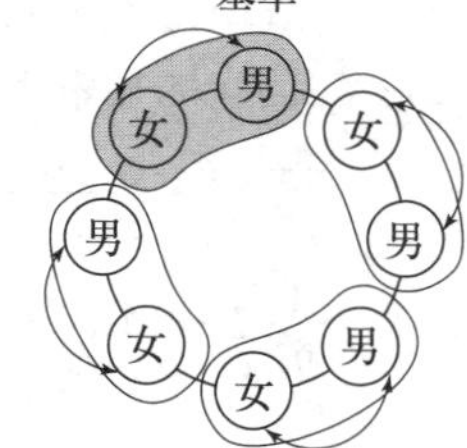

基準

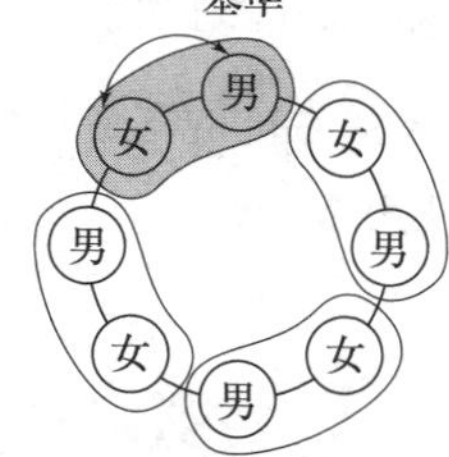

円順列は1ヶ所を固定して考えるとよい

23 余事象の確率 Lv.★★★

問題は19ページ

考え方 （1）「大当たりが少なくとも1回出る」とは，「大当たりが1回以上出る」という意味なので，本来は，大当たりが出た回数で場合分けして確率を考えるのだが，煩雑になることが多い。「少なくとも」と問題文にあり，その余事象が考えやすいときには，余事象から確率を求めていくとよい。
（3）問題文には「少なくとも」とあるが，余事象を捉えることが易しくない。与えられた事象は「当たりが少なくとも1回出る」かつ「大当たりが少なくとも1回出る」なので，（1）と（2）をふまえて，確率の加法定理を用いて求める。

解答

1回の試行で，大当たりが出る確率は

$$\left(\frac{1}{3}\right)^2=\frac{1}{9}$$

1回の試行で，当たりが出る確率は

$$\left(\frac{2}{3}\right)^2=\frac{4}{9}$$

大当たりでも当たりでもない場合を「はずれ」とする。1回の試行で，はずれが出る確率は

$$1-\left(\frac{1}{9}+\frac{4}{9}\right)=\frac{4}{9}$$

（1）n 回の試行のうち大当たりが少なくとも1回は出る事象の余事象は，n 回の試行のうち大当たりが1回も出ない事象（当たりまたははずれが出続ける事象）であり，その確率は

$$\left(\frac{4}{9}+\frac{4}{9}\right)^n=\left(\frac{8}{9}\right)^n$$

したがって，求める確率は

$$1-\left(\frac{8}{9}\right)^n$$ 答

（2）n 回の試行のうち当たりまたは大当たりが少なくとも1回は出る事象の余事象は，n 回の試行のうち n 回ともはずれである事象であり，その確率は

$$\left(\frac{4}{9}\right)^n$$

したがって，求める確率は

$$1-\left(\frac{4}{9}\right)^n$$ 答

Process

余事象をきちんと捉える

↓

余事象の確率を求め，目的の確率を求める

（3）n 回の試行のうち，大当たりが少なくとも1回は出る確率を $P(A)$，当たりが少なくとも1回は出る確率を $P(B)$ とすると

（1）より　$P(A)=1-\left(\frac{8}{9}\right)^n$

（1）と同様にして　$P(B)=1-\left(\frac{5}{9}\right)^n$

（2）より　$P(A\cup B)=1-\left(\frac{4}{9}\right)^n$

したがって，求める確率は

$$P(A\cap B)=P(A)+P(B)-P(A\cup B)$$
$$=1-\left(\frac{8}{9}\right)^n-\left(\frac{5}{9}\right)^n+\left(\frac{4}{9}\right)^n$$ 答

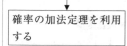

余事象が考えにくいので，（1）と（2）を利用する

↓

確率の加法定理を利用する

「少なくとも」は余事象を疑おう

24 カードの確率 Lv.★★★

問題は19ページ

考え方 (2)「2または3のカードの隣に並ぶ」とあるので，確率の加法定理の利用を考えよう。「隣り合うカード」はひとまとめにして考える。
(4) まず偶奇の並びを書き出してみよう。

解答

6枚のカードの並べ方は6!通りである。

(1) 両端のカードは1，2，3のいずれかであるから，その決め方は${}_3P_2$通りであり，残り4枚の並べ方は4!通りである。
よって，求める確率は

$$\frac{{}_3P_2\times 4!}{6!}=\frac{3\cdot 2}{6\cdot 5}=\frac{1}{5}$$ 答

(2) 1と2のカードが隣に並ぶという事象をA，1と3のカードが隣に並ぶという事象をBとする。隣り合う2枚のカードをひとまとめにして1枚と考えて

□ [3] [4] [5] [6]
└ [1 2] [2 1]

$$P(A)=P(B)=\frac{5!\times 2}{6!}=\frac{1}{3} \quad \cdots\cdots①$$

事象$A\cap B$が起こるのは213，312と並ぶときだから，3枚をひとまとめにして1枚と考えて

□ [4] [5] [6]
└ [2 1 3] [3 1 2]

$$P(A\cap B)=\frac{4!\times 2}{6!}=\frac{1}{15} \quad \cdots\cdots②$$

$$\therefore\quad P(A\cup B)=P(A)+P(B)-P(A\cap B)$$
$$=\frac{1}{3}+\frac{1}{3}-\frac{1}{15}=\frac{3}{5}$$ 答

(3) 1と6のカードが隣り合う確率は，①と同様に$\frac{1}{3}$である。
また，1と6のカードの間に1枚だけカードが並ぶ確率は，その1枚の決め方は${}_4C_1$通りなので②を用いると

$$\frac{1}{15}\times{}_4C_1=\frac{4}{15}$$

よって，余事象の確率から $1-\left(\frac{1}{3}+\frac{4}{15}\right)=\frac{2}{5}$ 答

Process

求める確率を$P(A\cup B)$と考えられるよう，事象A，Bに分ける
↓
$P(A)$，$P(B)$，$P(A\cap B)$をそれぞれ求める
↓
確率の加法定理

（4）問題の条件をみたす並びは，偶数のカードを×，奇数のカードを○で表すと，左から数えて，つねに
(○の総数)≧(×の総数)となればよいから

○○○×××　○○×○××　○○××○×
○×○○××　○×○×○×

の5通りである。また，偶数(×)の3枚のカードと奇数(○)の3枚のカードの並べ方は，それぞれ3!通りである。

したがって，求める確率は

$$5\times\frac{3!\times3!}{6!}=\frac{5\times6}{6\cdot5\cdot4}=\frac{1}{4}$$ 答

確率でも「A または B」とあったら集合を考えよう

25 ゲームの確率 Lv.★★★

問題は20ページ

考え方 （2）各試行は取り出した玉を元に戻すので反復試行である。4回の試行を続けたあと，石が頂点Cにあるためには反時計回り，時計回りの移動がそれぞれ何回起これば よいか考える。そのとき，石が移動する量を数式で表して数えもれを防ごう。

解答

（1）1回の試行で，黒玉2個を取り出す確率，白玉2個を取り出す確率をそれぞれp，qとする。

$$p=\frac{{}_3C_2}{{}_5C_2}=\frac{3}{10},\quad q=\frac{{}_2C_2}{{}_5C_2}=\frac{1}{10}$$ 答

（2）反時計回りに隣の頂点に進むことを＋1，時計回りに隣の頂点に進むことを－1で表す。4回の移動のうち反時計回りがa回，時計回りがb回とすると，石が反時計回りに動いた量xは

$$x=a-b\quad (a\geqq 0,\ b\geqq 0,\ a+b\leqq 4)$$

であるから　$-4\leqq x\leqq 4$

石がCにあるのは，$x=-4$，-1，2のときである。石を動かさない回数を$c=4-(a+b)$として

$x=-4$のとき　$(a,\ b,\ c)=(0,\ 4,\ 0)$

$x=-1$のとき　$(a,\ b,\ c)=(0,\ 1,\ 3)$，$(1,\ 2,\ 1)$

$x=2$のとき　$(a,\ b,\ c)=(2,\ 0,\ 2)$，$(3,\ 1,\ 0)$

また，1回の試行で石を動かさない確率をrとすると

$$r=1-(p+q)=1-\frac{4}{10}=\frac{6}{10}$$

よって，求める確率は

$$q^4+qr^3\times\frac{4!}{3!}+pq^2r\times\frac{4!}{2!}+p^2r^2\times\frac{4!}{2!\cdot 2!}+p^3q\times\frac{4!}{3!}$$

$$=\frac{3133}{10000}$$ 答

Process

石の移動量を数式化する
↓
石の移動量の範囲を考える
↓
その範囲で目的の頂点にあるための条件を考える
↓
反復試行と考えて確率を求める

数えもれを防ぐために移動量を数式化しよう

26　点の移動　Lv. ★★★

問題は20ページ

考え方　まずは，具体的に点を動かし，点の動きうる範囲や点の動かし方の特徴を確認しよう。5 または 6 の目が出た場合は，1〜4 の目が出た場合と比べて点の動かし方が特殊なので，その目が出る回数に着目して考えることで見通しが立てやすい。

解答

1 または 2 の目が出る事象を A，3 または 4 の目が出る事象を B，5 または 6 の目が出る事象を C とすると，それぞれの事象が起こる確率は $\frac{1}{3}$ である。

（1）点 $\mathrm{P}(x,\ y)$ の x 座標と y 座標の和 $x+y$ を k とおく。A が起こると，P は $(x+1,\ y)$ に移るため，k は 1 増加する。B が起こると，P は $(x,\ y+1)$ に移るため，k は 1 増加する。C が起こると，P は $(y,\ x)$ に移るため，k は増加しない。

したがって，4 回サイコロを振ったとき $k \leqq 4$ であるから，点 P が直線 $y=x$ 上にあるとき，点 P は

$$(0,\ 0),\ (1,\ 1),\ (2,\ 2)$$

のいずれかにある。

（i）$\mathrm{P}(0,\ 0)$ のとき

$k=0$ で，C が 4 回起こる，つまり $CCCC$ の 1 通りだから，このときの確率は

$$\left(\frac{1}{3}\right)^4=\frac{1}{3^4}$$

（ii）$\mathrm{P}(1,\ 1)$ のとき

$k=2$ で，C が 2 回起こるときである。

① C が 2 回，A が 1 回，B が 1 回起こるとき，$\mathrm{P}(1,\ 1)$ となるのは，$CCAB$，$CCBA$，$ACCB$，$BCCA$，$ABCC$，$BACC$，$CABC$，$CBAC$ の 8 通りである。

② C が 2 回，A が 2 回起こるとき，$\mathrm{P}(1,\ 1)$ となるのは $ACAC$，$CACA$ の 2 通りである。

③ C が 2 回，B が 2 回起こるとき，②と同様にして，$BCBC$，$CBCB$ の 2 通りである。

よって，①〜③より

$$\frac{8+2+2}{3^4}=\frac{12}{3^4}$$

Process

目によって点 P がどのように動くのか把握する

↓

点 P の座標で場合分け

↓

条件をみたす点の移動の仕方を考える

（iii）P(2, 2)のとき

$k=4$ で，C が 0 回，A が 2 回，B が 2 回起こるときであるから

$${}_4C_2\left(\frac{1}{3}\right)^2\left(\frac{1}{3}\right)^2=\frac{6}{3^4}$$

以上から，求める確率は

$$\frac{1}{3^4}+\frac{12}{3^4}+\frac{6}{3^4}=\frac{19}{81}$$ 答

（2）n 回サイコロを振ったあとで点Pが直線 $x+y=m$ 上にあるのは，$k=m$ のときであり，これは C が $(n-m)$ 回起こり，A または B が m 回起こる場合である。

題意を C が起こる回数とつなげて読みかえる
↓
反復試行の確率を求める

A または B が起こる確率は $\frac{2}{3}$ だから，求める確率は

$$\begin{aligned}{}_nC_m\left(\frac{1}{3}\right)^{n-m}\left(\frac{2}{3}\right)^m&=\frac{n!}{(n-m)!m!}\cdot\frac{1}{3^{n-m}}\cdot\frac{2^m}{3^m}\\&=\frac{n!}{(n-m)!m!}\cdot\frac{2^m}{3^n}\\&=\frac{2^m n!}{3^n m!(n-m)!}\end{aligned}$$ 答

点の移動の仕方は，実験して捉えよう

27　条件つき確率　Lv. ★★★

問題は21ページ

考え方　(1) 直前のゲームの結果によって確率が変化するので，各ゲームの勝者を順に考えよう。

(2) 問題文より，「4回のゲームで試合が終了する事象」を全事象とみる必要があるので，条件つき確率を考えよう。

解答

(1) 2回のゲームで試合が終了するとき，各ゲームの勝者は順に「甲甲」または「乙乙」となるので，確率はそれぞれ

$$\frac{2}{3}\times\frac{2}{3}=\frac{4}{9}\qquad \frac{1}{3}\times\frac{4}{5}=\frac{4}{15}$$

また，3回のゲームで試合が終了するとき，各ゲームの勝者は順に「甲乙乙」または「乙甲甲」となるので，確率はそれぞれ

$$\frac{2}{3}\times\frac{1}{3}\times\frac{4}{5}=\frac{8}{45}\qquad \frac{1}{3}\times\frac{1}{5}\times\frac{2}{3}=\frac{2}{45}$$

したがって，3回以内のゲーム数で試合が終了する確率は

$$\frac{4}{9}+\frac{4}{15}+\frac{8}{45}+\frac{2}{45}=\frac{14}{15}$$ 答

(2) 4回のゲームで試合が終了する事象を A，甲が試合の勝者である事象を B とすると，求める確率は条件つき確率 $P_A(B)$ である。

4回のゲームで試合が終了するとき，各ゲームの勝者は順に「甲乙甲甲」または「乙甲乙乙」となるので，(1)と同様に

$$P(A)=\frac{2}{3}\times\frac{1}{3}\times\frac{1}{5}\times\frac{2}{3}+\frac{1}{3}\times\frac{1}{5}\times\frac{1}{3}\times\frac{4}{5}=\frac{32}{675}$$

また，$P(A\cap B)=\frac{4}{135}$ となるので，求める確率は

$$P_A(B)=\frac{P(A\cap B)}{P(A)}=\frac{4}{135}\div\frac{32}{675}=\frac{5}{8}$$ 答

Process

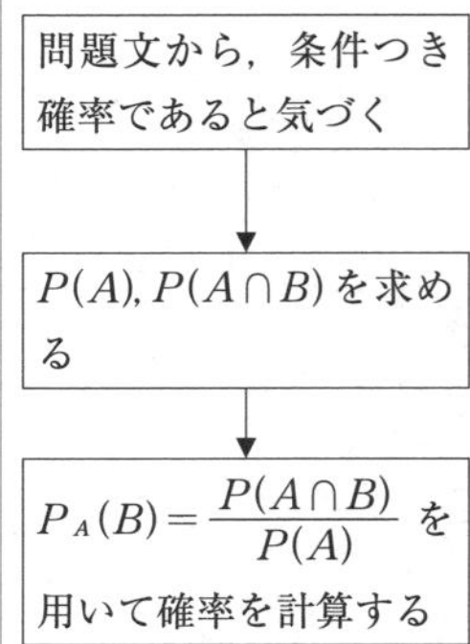

問題文から，条件つき確率であると気づく
$P(A)$, $P(A\cap B)$ を求める
$P_A(B)=\frac{P(A\cap B)}{P(A)}$ を用いて確率を計算する

A が起こるという条件のもとで，

B の起こる確率は $\frac{P(A\cap B)}{P(A)}$ で求める

第14回

28 最大確率 Lv.★★★

問題は21ページ

考え方 考える確率を P_k とすると，P_k の式の形からは，最大となる k の値はすぐにわからない。そこで，P_0，P_1，P_2，… と大小関係が順にどのように変化しているのかを調べてみよう。つまり，隣り合う 2 項の大小を比較すればよく

（i）比 $\dfrac{P_{k+1}}{P_k}$ と 1 との大小を調べる　（ii）差 $P_{k+1}-P_k$ と 0 との大小を調べる

といった方針が考えられる。

解答

1 の目が出たさいころの個数が k 個 $(k=0,\ 1,\ \cdots,\ 20)$ である確率を P_k とおく。1 個のさいころについて，1 の目が出る確率は $\dfrac{1}{6}$ であるから

$$P_k={}_{20}\mathrm{C}_k\left(\frac{1}{6}\right)^k\left(1-\frac{1}{6}\right)^{20-k}$$

$$\therefore\quad \frac{P_{k+1}}{P_k}=\frac{{}_{20}\mathrm{C}_{k+1}\left(\frac{1}{6}\right)^{k+1}\left(\frac{5}{6}\right)^{19-k}}{{}_{20}\mathrm{C}_k\left(\frac{1}{6}\right)^k\left(\frac{5}{6}\right)^{20-k}}=\frac{20-k}{5(k+1)}$$

よって

$\dfrac{P_{k+1}}{P_k}>1$ をみたす k の値の範囲は　$k<\dfrac{5}{2}=2.5$

$\dfrac{P_{k+1}}{P_k}<1$ をみたす k の値の範囲は　$k>\dfrac{5}{2}=2.5$

であるから

$$P_0<P_1<P_2<P_3>P_4>P_5>P_6>\cdots$$

したがって，1 の目が出たさいころの個数が 3 個である確率が一番大きくなる。 答

Process

$P_k\neq 0$ だから，$\dfrac{P_{k+1}}{P_k}$ と 1 との大小を比べる方針

↓

求めた k の値の範囲から，P_0，P_1，P_2，… の大小関係の変化を調べる

確率 P_k の最大値を求める際には

$\dfrac{P_{k+1}}{P_k}$ と 1 との大小を考える方法が有効

29 正弦定理・余弦定理 Lv. ★★★

問題は22ページ

考え方 （1）辺の長さが文字で与えられているので，三角形の成立条件を調べるのを忘れてはならない。この条件のもとで，鈍角三角形となる条件 $(a-1)^2+a^2<(a+1)^2$ を調べよう。
（2）外接円の半径を求めるので正弦定理を利用したいが，150° の角の対辺の長さがわかっていない。そこで，最大の辺の対角は最大の内角となることに着目したうえで，余弦定理を使って a の値を求めよう。

解答

（1）$a-1<a<a+1$ より，三角形が成立する条件は

$$(a-1)+a>a+1 \qquad \therefore \quad a>2 \quad \cdots\cdots①$$

次に，鈍角三角形であるとき

$$(a-1)^2+a^2<(a+1)^2 \qquad a^2-4a<0 \qquad a(a-4)<0$$

$$\therefore \quad 0<a<4 \quad \cdots\cdots②$$

①，②より　$2<a<4$ 答

（2）長さ $a+1$ の辺の対角が 150° であるから，余弦定理より

$$(a+1)^2=a^2+(a-1)^2-2a(a-1)\cos 150^\circ$$

$$(1+\sqrt{3})a^2-(4+\sqrt{3})a=0$$

$a \neq 0$ より　$a=\dfrac{4+\sqrt{3}}{1+\sqrt{3}}=\dfrac{3\sqrt{3}-1}{2}$　（$2<a<4$ をみたす）

外接円の半径を R とすると，正弦定理より

$$\frac{a+1}{\sin 150^\circ}=2R \qquad R=a+1 \qquad \therefore \quad R=\frac{3\sqrt{3}+1}{2}$$ 答

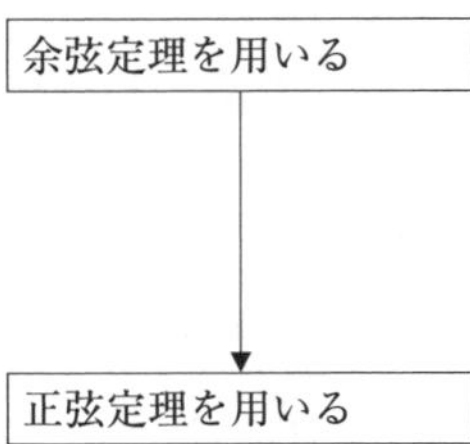
Process
三角形の成立条件を調べる
鈍角三角形となる条件を調べる
余弦定理を用いる
正弦定理を用いる

解説 （1）3 辺の長さを x，y，z とするとき，三角形が成立する条件は

$$|y-z|<x<y+z$$

である。x が最大の辺のときには，$|y-z|<x$ はつねに成り立つので，$x<y+z$ が成り立てばよい。

核心はココ！

三角形の辺の長さ・角の大きさを考えるときは
正弦定理・余弦定理を使え！

30 三角形に内接する円 Lv.★★★

問題は22ページ

考え方 前半の内接円の半径を求める問題では，円の中心から三角形の辺に垂線を下ろして考えるのがポイント。内接円の半径を r とおき，三角形の面積を 2 通りの式で表そう。

また，後半の接する 2 つの円に関する問題では，中心間を結ぶ線分を斜辺とする直角三角形に注目することがポイントである。

解答

余弦定理より　$\cos B=\dfrac{7^2+6^2-5^2}{2\cdot7\cdot6}=\dfrac{5}{7}$ 答

したがって

$$\sin^2\frac{B}{2}=\frac{1-\cos B}{2}=\frac{1}{7}\qquad \therefore\quad \sin\frac{B}{2}=\frac{\sqrt{7}}{7}$$ 答

また，$\sin B=\sqrt{1-\cos^2 B}=\dfrac{2\sqrt{6}}{7}$ であるから

$$S=\frac{1}{2}\mathrm{AB}\cdot\mathrm{BC}\sin B=\frac{1}{2}\cdot7\cdot6\cdot\frac{2\sqrt{6}}{7}=6\sqrt{6}$$ 答

$S=\dfrac{1}{2}(\mathrm{AB}+\mathrm{BC}+\mathrm{CA})r$ より

$$r=\frac{2S}{\mathrm{AB}+\mathrm{BC}+\mathrm{CA}}=\frac{2\cdot6\sqrt{6}}{7+6+5}=\frac{2\sqrt{6}}{3}$$ 答

さらに，右図の太線部分の直角三角形に注目すると

$$\sin\frac{B}{2}=\frac{r-r_1}{r+r_1}$$ 答

であるから

$$\frac{\sqrt{7}}{7}=\frac{r-r_1}{r+r_1}$$

$$\sqrt{7}(r-r_1)=r+r_1$$

$$\therefore\quad r_1=\frac{\sqrt{7}-1}{\sqrt{7}+1}r=\frac{\sqrt{7}-1}{\sqrt{7}+1}\cdot\frac{2\sqrt{6}}{3}=\frac{8\sqrt{6}-2\sqrt{42}}{9}$$ 答

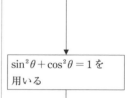

Process

余弦定理を用いる
↓
$\sin^2\theta+\cos^2\theta=1$ を用いる
↓
三角形の面積を 2 通りの式で表す
↓
内接円の半径を求める

核心はココ！

内接円・外接円についての問題では円の中心を通る補助線を引け！

31 メネラウスの定理・方べきの定理 Lv.★★★

問題は23ページ

考え方 （1）a，b の形から，メネラウスの定理 $\dfrac{CQ}{QB}\times\dfrac{BA}{AP}\times\dfrac{PR}{RC}=1$ を連想したい。

（2）2本の弦が交わっているので，方べきの定理が利用できそうである。線分の比を求めるので，$AP=k$ などとおくと扱いやすい。

解答

Process

メネラウスの定理を用いる

（1）メネラウスの定理より

$$\frac{CQ}{QB}\times\frac{BA}{AP}\times\frac{PR}{RC}=1$$

ここで，$AB:AP=2:1$，$a=\dfrac{CR}{RP}$，$b=\dfrac{CQ}{QB}$ であるから

$$b\times2\times\frac{1}{a}=1 \qquad \therefore\quad a=2b \quad \text{答}$$

（2）（1）において，$CQ=QB$ より

$$b=1 \qquad \therefore\quad a=2$$

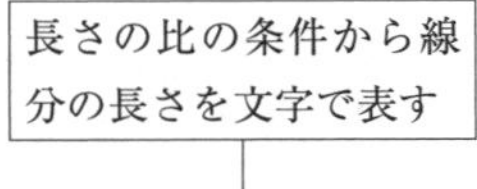

長さの比の条件から線分の長さを文字で表す

よって，$AP=CR$ より，$AP=k$ とおくと

$$\frac{k}{RP}=2$$

$$\therefore\quad PR=\frac{1}{2}k,\ CP=CR+RP=\frac{3}{2}k \quad \cdots\cdots①$$

方べきの定理を用いる

ここで，方べきの定理より

$$XP\cdot PC=AP\cdot PB$$

$AP=PB=k$ であるから

$$XP\cdot\frac{3}{2}k=k^2 \quad (\because\ ①)$$

$$\therefore\quad XP=\frac{2}{3}k \quad \cdots\cdots②$$

よって，①，②より

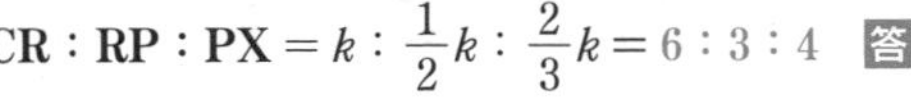

$$CR:RP:PX=k:\frac{1}{2}k:\frac{2}{3}k=6:3:4 \quad \text{答}$$

線分の長さの比を求めるときは
メネラウス，チェバ，方べきの定理を使え！

32 円に内接する四角形の計量 Lv. ★★★

問題は23ページ

考え方 $AB=x$，$AD=y$ とおくと，四角形 ABCD の周の長さが 44 であることから，x，y の関係式が 1 つ得られる。よって，x，y の関係式をもう 1 つ導けばよい。正弦定理や余弦定理を使いやすいように，四角形を対角線によって 2 つの三角形に分けて考えるとよいだろう。その後，円に内接する四角形の対角の和は 180° であることに着目して，余弦定理を使って対角線の長さを 2 通りの式で表そう。

解答

$AB=x$，$AD=y$ とおく。

四角形 ABCD の周の長さが 44 であることより

$$x+13+13+y=44 \qquad \therefore \quad x+y=18 \quad \cdots\cdots ①$$

また，円の中心を O とし，$\angle BOC=\theta$ とおく。

$\triangle OBC \equiv \triangle OCD$ より

$$\angle BOC=\angle COD$$

よって，$\angle BOD=360°-2\theta$ より

$$\angle BCD=180°-\theta$$

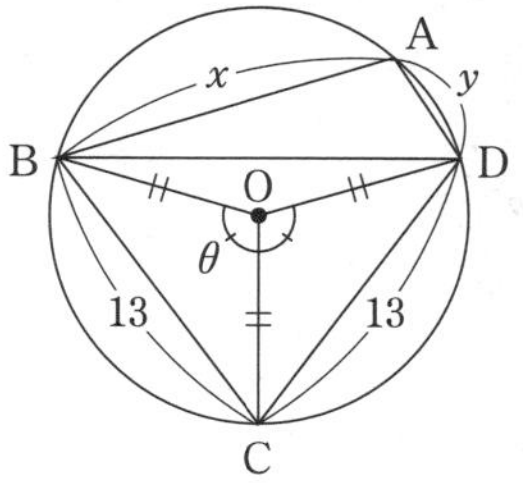

$\triangle OBC$ において余弦定理より

$$\cos\theta=\frac{\left(\frac{65}{8}\right)^2+\left(\frac{65}{8}\right)^2-13^2}{2\cdot\frac{65}{8}\cdot\frac{65}{8}}$$

$$=-\frac{7}{25} \quad \cdots\cdots ②$$

したがって，$\triangle BCD$ において余弦定理より

$$BD^2=13^2+13^2-2\cdot13\cdot13\cos(180°-\theta)$$

$$=2\cdot13^2(1+\cos\theta)$$

$$=2\cdot13^2\left(1-\frac{7}{25}\right) \quad (\because ②)$$

$$=\frac{2\cdot13^2\cdot18}{25} \quad \cdots\cdots ③$$

また，$\angle BCD+\angle DAB=180°$ より

$$\angle DAB=180°-\angle BCD=\theta$$

したがって，$\triangle ABD$ に余弦定理を用いて

$$BD^2=x^2+y^2-2xy\cos\theta$$

$$BD^2=(x+y)^2-2xy-2xy\cos\theta$$

$$\frac{2\cdot13^2\cdot18}{25}=18^2-2xy\left(1-\frac{7}{25}\right) \quad (\because ①，②，③)$$

Process

大きさがわからない角を文字でおく

↓

四角形を対角線で 2 つの三角形に分け，一方に余弦定理を使う

↓

対角の和が 180° に着目し，もう一方の三角形にも余弦定理を使う

$\therefore\quad xy = 56$ ……④

①，④より，x，y は2次方程式

$$t^2 - 18t + 56 = 0 \quad すなわち \quad (t-4)(t-14) = 0$$

の2つの解であるから

$$(x,\ y) = (4,\ 14),\ (14,\ 4)$$

したがって　$(\mathrm{AB},\ \mathrm{DA}) = (4,\ 14),\ (14,\ 4)$ 答

別解　∠BAD を文字でおく，という方針も有効である。

∠BAD $= \phi$ とおくと，△ABD において余弦定理より

$$\mathrm{BD}^2 = x^2 + y^2 - 2xy\cos\phi = (x+y)^2 - 2xy - 2xy\cos\phi$$
$$= 18^2 - 2xy(1+\cos\phi) \quad \cdots⑤$$

△BCD において余弦定理より

$$\mathrm{BD}^2 = 13^2 + 13^2 - 2\cdot13\cdot13\cos\angle\mathrm{BCD} = 2\cdot13^2\{1-\cos(180^\circ-\phi)\}$$
$$= 2\cdot13^2(1+\cos\phi) \quad \cdots⑥$$

⑤，⑥より BD^2 を消去すると　$18^2 - 2xy(1+\cos\phi) = 2\cdot13^2(1+\cos\phi)$ ……⑦

△ABD において，正弦定理より

$$\frac{\mathrm{BD}}{\sin\phi} = 2\cdot\frac{65}{8} = \frac{65}{4}$$

$$\mathrm{BD}^2 = \left(\frac{65}{4}\right)^2(1-\cos^2\phi) \quad \cdots⑧$$

よって，⑥，⑧より BD^2 を消去すると

$$2\cdot13^2(1+\cos\phi) = \left(\frac{65}{4}\right)^2(1-\cos^2\phi) = \frac{5^2\cdot13^2}{16}(1+\cos\phi)(1-\cos\phi)$$

$1+\cos\phi > 0$ であるから

$$2 = \frac{25}{16}(1-\cos\phi) \qquad 1-\cos\phi = \frac{32}{25} \qquad \therefore\quad \cos\phi = -\frac{7}{25}$$

あとは，$\cos\phi$ の値を⑦に代入して xy の値を求めた後，解答のように x，y の値を求めればよい。

円に内接する四角形の問題では
対角の和が 180° であることを使え！

33 四面体の計量① Lv.★★★

問題は24ページ

考え方 立体の図形量を考える際には，対象となる辺や角を含む表面や断面に着目して平面図形上で考えるのがポイントとなる。

（1）$\cos\angle\mathrm{OMC}$ を求めるので，$\triangle\mathrm{OMC}$ に着目する。$\mathrm{OC}=2a$ であるから，OM，CM の長さがわかれば，余弦定理から $\cos\theta$ の値を求めることができる。OM，CM の長さを求める際には，それぞれ $\triangle\mathrm{OAM}$，$\triangle\mathrm{CAM}$ に着目するとよい。

（2）$\triangle\mathrm{OMH}$ に着目すれば，（1）の結果を用いることができる。

解答

（1）$\triangle\mathrm{OAM}$ において三平方の定理より

$$\mathrm{OM}=\sqrt{\mathrm{OA}^2-\mathrm{AM}^2}=\sqrt{4a^2-1}$$

また，$\triangle\mathrm{CAM}$ において

$$\mathrm{CM}=\mathrm{AC}\sin 60^\circ$$

$$=2\cdot\frac{\sqrt{3}}{2}=\sqrt{3}$$

O, 2a, C, A, θ, H, 2, M, B

したがって，$\triangle\mathrm{OMC}$ において余弦定理より

$$\cos\theta=\frac{\mathrm{OM}^2+\mathrm{CM}^2-\mathrm{OC}^2}{2\mathrm{OM}\cdot\mathrm{CM}}=\frac{(4a^2-1)+3-4a^2}{2\sqrt{4a^2-1}\cdot\sqrt{3}}$$

$$=\frac{1}{\sqrt{12a^2-3}} \quad \text{答}$$

（2）（1）の結果より

$$\sin\theta=\sqrt{1-\cos^2\theta}=\sqrt{1-\frac{1}{12a^2-3}}=\sqrt{\frac{12a^2-4}{12a^2-3}}$$

$$\therefore\quad \mathrm{OH}=\mathrm{OM}\sin\theta=\sqrt{4a^2-1}\cdot\sqrt{\frac{12a^2-4}{12a^2-3}}$$

$$=\sqrt{\frac{(4a^2-1)\cdot4(3a^2-1)}{3(4a^2-1)}}=\sqrt{4a^2-\frac{4}{3}} \quad \text{答}$$

（3）（2）の結果より，$\mathrm{OH}=2\sqrt{3}$ のとき

$$\sqrt{4a^2-\frac{4}{3}}=2\sqrt{3}\qquad\therefore\quad a^2=\frac{10}{3}$$

$a>1$ であるから

$$a=\frac{\sqrt{30}}{3} \quad \text{答}$$

Process

（着目する平面を決め，）$\cos\theta$ を求めるために必要な辺の長さを求める

↓

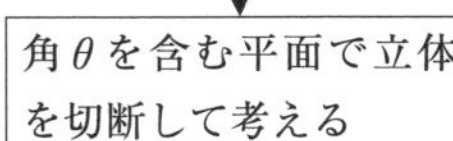

角 θ を含む平面で立体を切断して考える

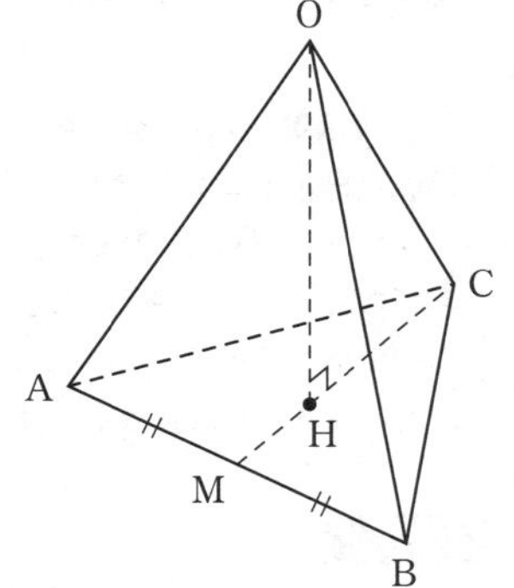

別解　OA＝OB＝OC，AB＝BC＝CA であるから，頂点 O から平面 ABC に引いた垂線と △ABC との交点を H とすると，H は △ABC の重心となる。

《証明》△OAH と △OBH と △OCH は斜辺と他の１辺がそれぞれ等しい直角三角形であるから合同であり

$$HA = HB = HC$$

よって，点 H は △ABC の各頂点から等距離にあるから，△ABC の外心である。さらに，△ABC は正三角形であるから，外心と重心は一致する。

したがって，H は △ABC の重心である。　　　　（証終）

このことを用いると，（１），（２）は次のように解くことができる。

（１）まず，**解答**と同じようにして，OM と CM の長さをそれぞれ求める。

次に，点 H は △ABC の重心であるから

$$CH : HM = 2 : 1$$

ここで，$CM = \sqrt{3}$ であるから

$$HM = CM \times \frac{1}{3} = \frac{\sqrt{3}}{3}$$

したがって

$$\cos\theta = \frac{HM}{OM} = \frac{\sqrt{3}}{3} \cdot \frac{1}{\sqrt{4a^2 - 1}} = \frac{1}{\sqrt{12a^2 - 3}}$$

（２）（１）より，△OMH において三平方の定理より

$$OH = \sqrt{OM^2 - HM^2} = \sqrt{(4a^2 - 1) - \frac{1}{3}} = \sqrt{4a^2 - \frac{4}{3}}$$

立体の辺の長さ・角の大きさを考えるときには適当な平面で切断して考えよ！

34 四面体の計量② Lv.★★★

問題は24ページ

考え方 （3）球の半径が最小となるときを考えるので，球の中心と頂点 A，B，C を結んでみよう。こうすることで，△ABC についての条件が使いやすくなる。さらに，球の中心から平面 ABC に垂線を下ろすと，三平方の定理が使えそうである。

解答

（1）余弦定理より

$$\cos\angle BAC=\frac{5^2+8^2-7^2}{2\cdot5\cdot8}=\frac{1}{2}$$

$0°<\angle BAC<180°$ より

$$\angle BAC=60°$$ 答

（2）△ABC の外接円の半径を R とおく。

正弦定理より

$$2R=\frac{7}{\sin 60°}=\frac{14}{\sqrt{3}}=\frac{14\sqrt{3}}{3}$$

$$\therefore\quad R=\frac{7\sqrt{3}}{3}$$ 答

（3）球の中心を P とし，点 P から平面 ABC に下ろした垂線の足を D とすると，PA = PB = PC より，△PAD ≡ △PBD ≡ △PCD であるから

$$AD=BD=CD$$

が成り立つ。よって，点 D は △ABC の外心である。

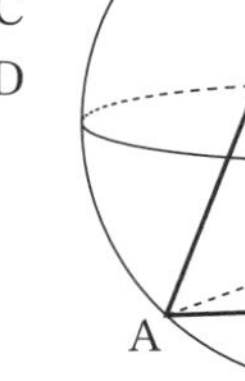

したがって，球の半径を r とおくと

$$r=PA=\sqrt{AD^2+PD^2}$$
$$=\sqrt{R^2+PD^2}$$
$$=\sqrt{\frac{49}{3}+PD^2}$$

と表されるので，球の半径 r が最小となるのは，PD が最小となるとき，つまり 2 点 P，D が一致するときである。

次に，頂点 O から平面 ABC に下ろした垂線の足を E とする。OA = OB = OC より，△OAE ≡ △OBE ≡ △OCE であるから

$$AE=BE=CE$$

Process

球の中心から平面 ABC に垂線を下ろす

↓

三平方の定理を使って球の半径を垂線の長さで表す

↓

球の半径が最小となるときを考える

が成り立つ。よって，点 E は△ABC の外心，すなわち点 D と一致する。

このとき，△OAD は∠ODA = 90°，OD = AD = R の直角二等辺三角形であるから

$$t = \sqrt{2}\,\text{AD}$$
$$= \sqrt{2} \cdot \frac{7\sqrt{3}}{3}$$
$$= \frac{7\sqrt{6}}{3}$$ 答

球に内接する四面体の問題では
球の中心からある面に垂線を下ろせ！

35　2次関数の最大・最小　Lv.★★★

問題は25ページ

考え方　関数の最大値・最小値を求める際には，グラフをかくことが大切である。
2次関数 $y=f(x)$ の最大値・最小値は，定義域と $y=f(x)$ のグラフの軸との位置関係によって変化する。下に凸の放物線のグラフにおいて，最大となる点は定義域の端点であるため，グラフの軸が定義域の中央よりも左側にあるか右側にあるかで場合分けをする。最小となる点は定義域の端点または頂点であるため，グラフの軸が定義域の左側にあるか，範囲内にあるか，右側にあるかで場合分けをする。

解答

(1) $y=a\left(x-\dfrac{a+1}{a}\right)^2-\dfrac{a^2+a+1}{a}$

であるから，求めるグラフの頂点の座標は

$$\left(\frac{a+1}{a},\ -\frac{a^2+a+1}{a}\right)$$ 答

(2) まず，最大値について考える。

軸の方程式について，$a>0$ より

$$x=\frac{a+1}{a}=1+\frac{1}{a}>1$$

したがって，右図より

$x=0$ のとき，最大値1

次に，最小値を考える。

(i) $0<\dfrac{a+1}{a}\leqq 2$ すなわち $a\geqq 1$ のとき

右図より

$x=\dfrac{a+1}{a}$ のとき

最小値 $-\dfrac{a^2+a+1}{a}$

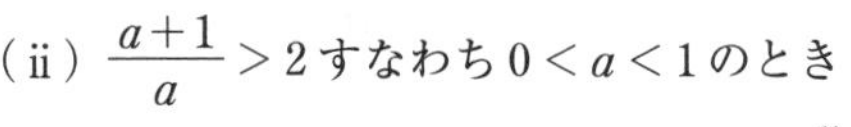

(ii) $\dfrac{a+1}{a}>2$ すなわち $0<a<1$ のとき

右図より

$x=2$ のとき，最小値 -3

以上より，求める最大値・最小値は

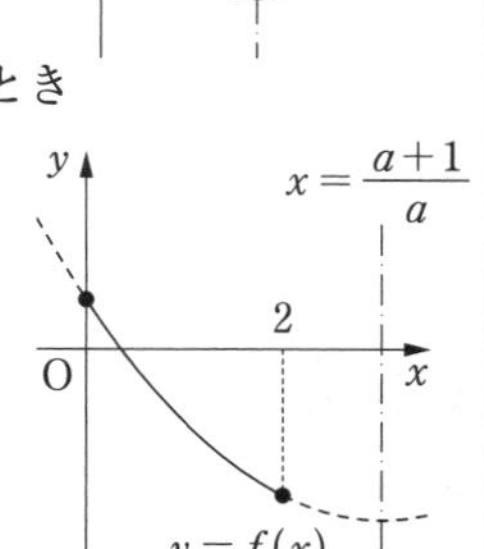

Process

定義域の中央と軸の位置関係から最大値を考える

↓

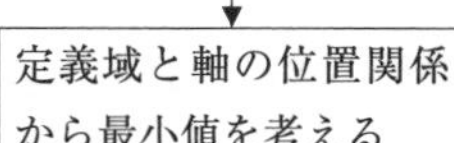

定義域と軸の位置関係から最小値を考える

最大値：1

最小値：$\begin{cases} 0 < a < 1 \text{のとき} -3 \\ a \geqq 1 \text{のとき} -\dfrac{a^2+a+1}{a} \end{cases}$ 答

解説　本問は，$a > 0$という条件により軸の位置に制限(軸>1)がつくため，場合分けの数が少なくてすむが，一般に，区間$\alpha \leqq x \leqq \beta$において，グラフが下に凸の放物線となる2次関数$y=f(x)$の最大値・最小値は次のようになる。重要なのは，これらを丸暗記することではなく，軸の位置に着目してグラフをかいて考えることである。

●最大値について

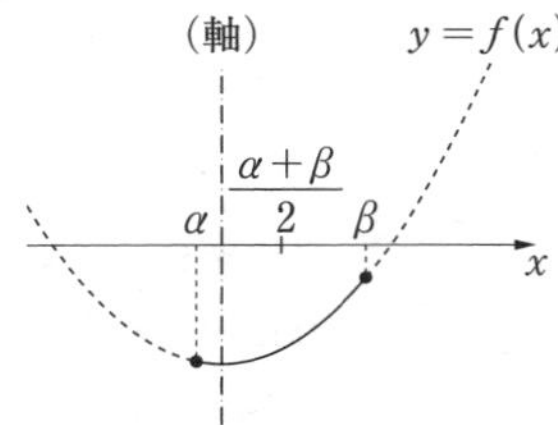

軸が定義域の中央よりも左側にあるとき
最大値は$f(\beta)$

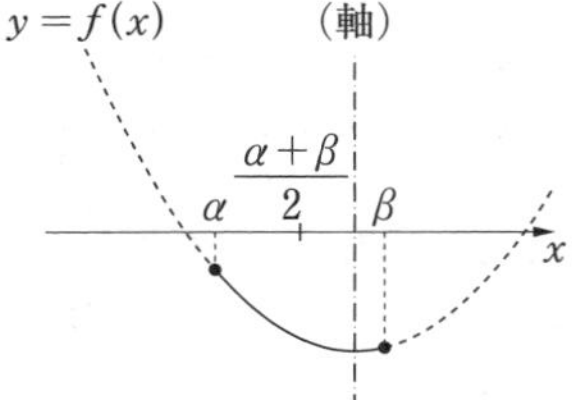

軸が定義域の中央よりも右側にあるとき
最大値は$f(\alpha)$

●最小値について

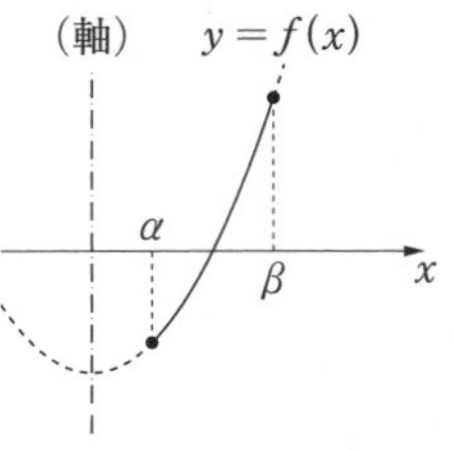

軸が定義域の左側にあるとき
最小値は$f(\alpha)$

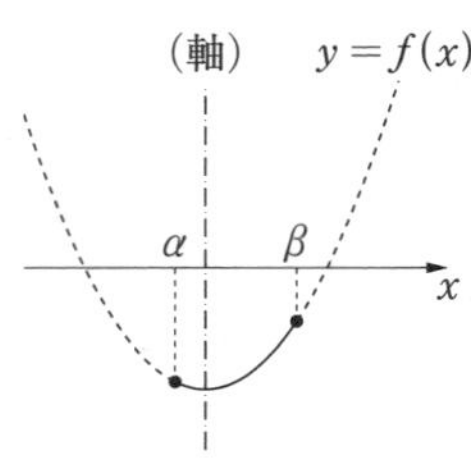

軸が定義域に含まれるとき
最小値は頂点のy座標

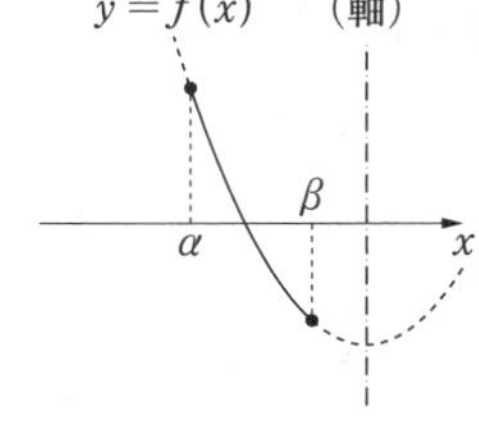

軸が定義域の右側にあるとき
最小値は$f(\beta)$

核心はココ！

2次関数の最大・最小を求めるときは
軸，定義域の位置によって場合分け！

36 2次不等式とグラフ Lv.★★★

問題は25ページ

考え方 $y=f(x)$ のグラフは原点を通り傾き a の直線であり，$y=g(x)$ のグラフは頂点の座標が $(2,\ 5)$ である下に凸の放物線である。「すべて」と「ある」の違いに注意して，定義域 $1 \leqq x \leqq 4$ における 2 つのグラフの上下関係を考えればよい。

また，(1)，(2)はグラフ全体の位置関係を考えればよいが，(3)，(4)は値域全体の大小関係を考えなければならないので，$f(x)$，$g(x)$ の最大値・最小値の大小比較となる。

解答

$$g(x)=x^2-4x+9=(x-2)^2+5$$

(1) 直線 $y=f(x)=ax$ が点 $(1,\ 6)$ を通るとき

$$a=6$$

であるから，求める a の値の範囲は

$$\boldsymbol{a \geqq 6}$$ 答

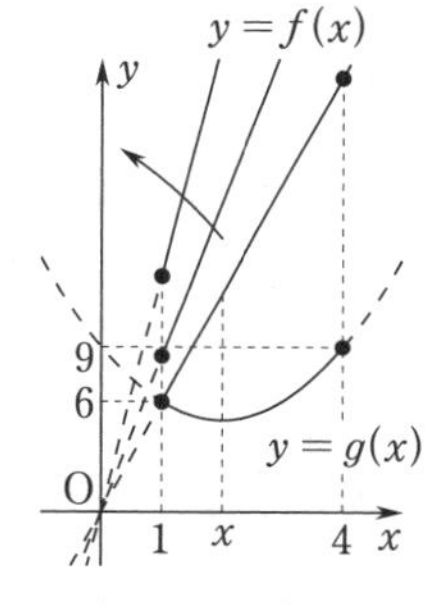

(2) 直線 $y=f(x)=ax$ が放物線 $y=g(x)$ と定義域内で接するときを考える。このとき，2 次方程式

$$f(x)=g(x)$$

$$x^2-(a+4)x+9=0$$

が $1 \leqq x \leqq 4$ の範囲に重解をもてばよく，判別式を D とおくと

$$D=(a+4)^2-4 \cdot 9=0$$

$$a^2+8a-20=0$$

$$(a+10)(a-2)=0$$

$$\therefore \quad a=-10,\ 2$$

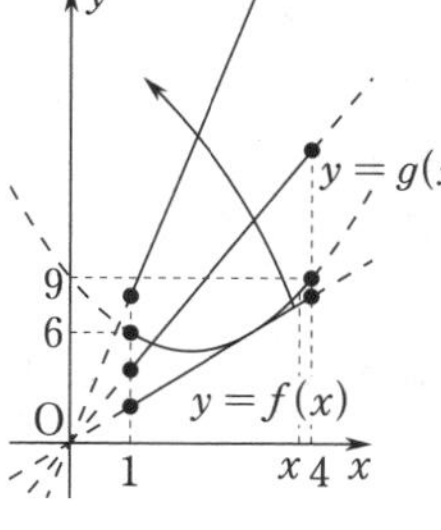

このうち，$1 \leqq x \leqq 4$ の範囲に重解をもつのは $a=2$ のときであるから，求める a の値の範囲は

$$\boldsymbol{a \geqq 2}$$ 答

(3) $1 \leqq x \leqq 4$ における $f(x)$ の最小値を m_f，$g(x)$ の最大値を M_g とおくと

$$m_f=f(1)=a$$

$$M_g=g(4)=9$$

$m_f \geqq M_g$ となるような a の値の範囲を求めればよいので

Process

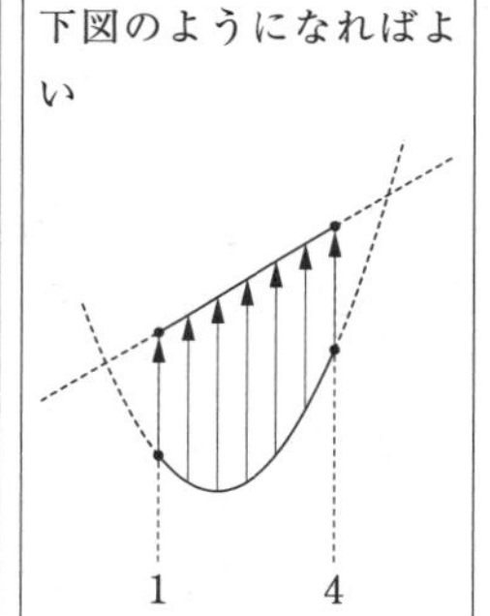

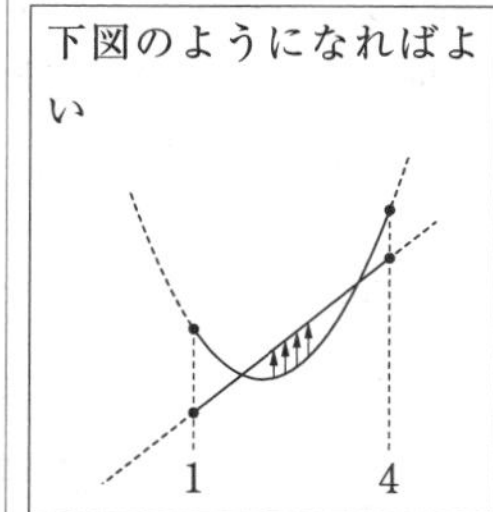

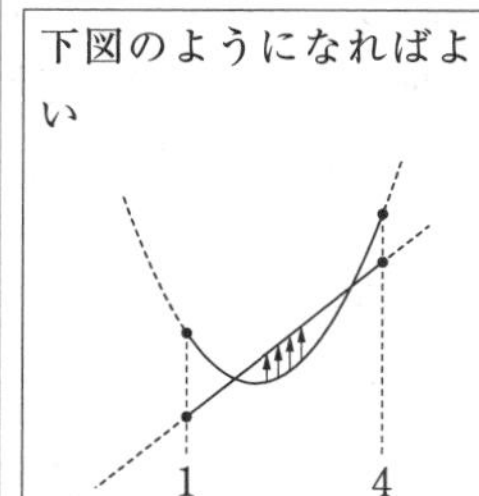

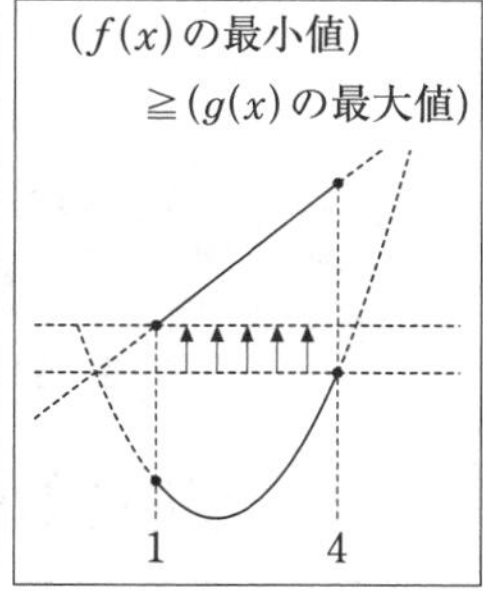

第1章 第2章 第3章 第4章 第5章 第6章 第7章 第8章 第9章

$a \geqq 9$ 答

（4）$1 \leqq x \leqq 4$ における $f(x)$ の最大値を M_f，$g(x)$ の最小値を m_g とおくと

$$M_f = f(4) = 4a$$

$$m_g = g(2) = 5$$

$M_f \geqq m_g$ となるような a の値の範囲を求めればよいので

$$4a \geqq 5$$

$$\therefore \quad a \geqq \frac{5}{4}$$ 答

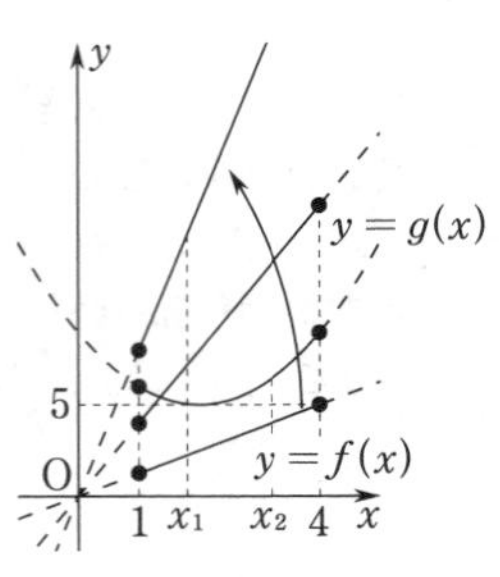

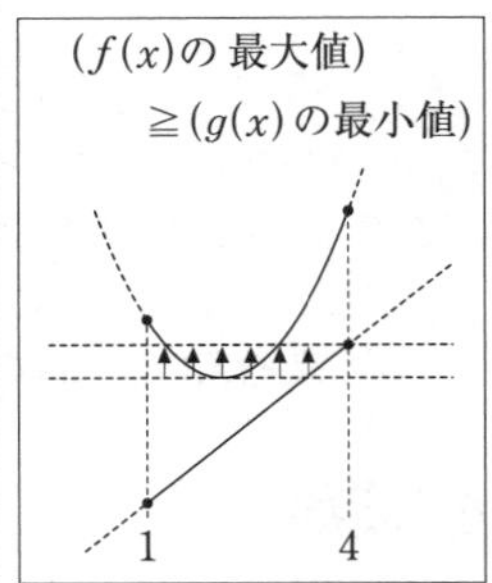

解説　（2），（4）のように「…をみたすものがある」という条件が考えにくい場合は，条件を否定して考えるとよい。こうすることで，（2）は（1）に，（4）は（3）にそれぞれ帰着できる。

（2）の条件を否定すると

定義域に属するすべての x に対して，$f(x) < g(x)$ が成り立つ ………………①

である。このとき，$y = f(x)$ のグラフが $y = g(x)$ のグラフの下側にあればよい（接する場合を除く）ので，**解答**のように接する場合を考えれば，①をみたす a の範囲は $a < 2$ である。これを否定して，（2）をみたす a の値の範囲は $a \geqq 2$ と求めることができる。

同様に，（4）の条件を否定すると

定義域に属するすべての x_1 とすべての x_2 に対して，$f(x_1) < g(x_2)$ が成り立つ ………………②

である。このとき，$f(x)$ の最大値が $g(x)$ の最小値よりも小さければよいので，②をみたす a の範囲は

$$M_f < m_g \iff 4a < 5 \iff a < \frac{5}{4}$$

である。この条件を否定して，（4）をみたす a の値の範囲は $a \geqq \frac{5}{4}$ と求めることができる。

不等式の問題は，グラフの位置関係や関数の最大値・最小値に帰着できる！

37 2次関数のグラフと共有点 Lv.★★★

問題は26ページ

考え方 a の値が変化すると放物線が上下に動くので，$y=4|x-1|-3$ のグラフとの共有点の個数を捉えにくい。そこで，文字定数 a を分離しよう。$x^2+a=4|x-1|-3$ が

$$a=-x^2+4|x-1|-3$$

と変形できることから，直線 $y=a$ を上下に動かして，$y=-x^2+4|x-1|-3$ のグラフとの共有点の個数を求める。

解答

$x^2+a=4|x-1|-3$ は

$$a=-x^2+4|x-1|-3$$

と変形できるので，直線 $y=a$ と $y=-x^2+4|x-1|-3$ のグラフとの共有点の個数を求めればよい。

$x \geqq 1$ のとき

$$\begin{aligned}&-x^2+4|x-1|-3\\&=-x^2+4(x-1)-3\\&=-(x-2)^2-3\end{aligned}$$

$x \leqq 1$ のとき

$$\begin{aligned}&-x^2+4|x-1|-3\\&=-x^2-4(x-1)-3\\&=-(x+2)^2+5\end{aligned}$$

よって，$y=-x^2+4|x-1|-3$ のグラフは右図のようになるので，直線 $y=a$ との共有点の個数は

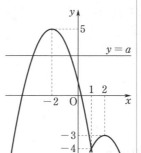

$$\begin{cases}-4<a<-3 \text{ のとき，4個}\\ a=-4,\ -3 \text{ のとき，3個}\\ a<-4,\ -3<a<5 \text{ のとき，2個}\\ a=5 \text{ のとき，1個}\\ a>5 \text{ のとき，なし}\end{cases}$$

答

Process

文字定数 a を分離する

↓

絶対値記号の中身の符号で場合を分けて，グラフをかく

↓

直線 $y=a$ を上下に動かして，共有点の個数を読み取る

核心はココ!

文字定数の値が変化するときのグラフの共有点が考えにくければ，文字定数を分離せよ！

38　解の配置　Lv.★★★

問題は26ページ

考え方　方程式 $f(x)=0$ の実数解は，$y=f(x)$ のグラフと x 軸の共有点の x 座標と読み替えることができる。そこで，$f(x)=x^2-2ax+b$ とおいて，$y=f(x)$ のグラフと x 軸との位置関係を考えればよく，判別式，軸の位置，端点の y 座標の正負について調べればよい。

解答

$f(x)=x^2-2ax+b=(x-a)^2+b-a^2$ とおく。

$f(x)=0$ が $0\leqq x\leqq 1$ の範囲に解をもつ条件は次の2つの場合が考えられる。判別式を D とおくと

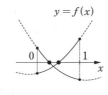

（ i ）「$f(0)\leqq 0$ かつ $f(1)\geqq 0$」

または

「$f(0)\geqq 0$ かつ $f(1)\leqq 0$」

であるから

$b\leqq 0$ かつ $b\geqq 2a-1$

または

$b\geqq 0$ かつ $b\leqq 2a-1$

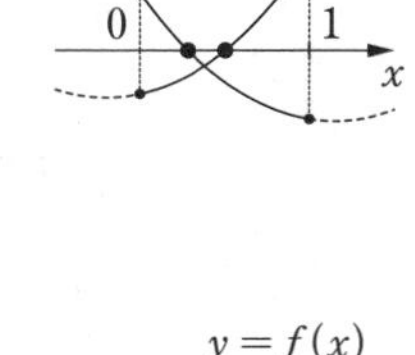

（ ii ）

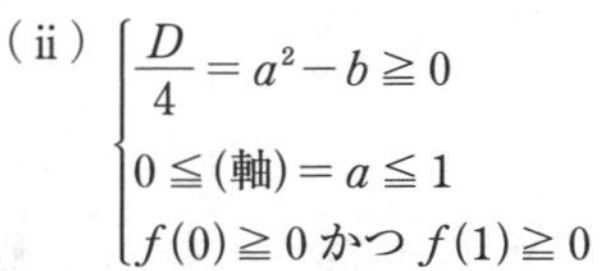

$$\begin{cases}\dfrac{D}{4}=a^2-b\geqq 0\\ 0\leqq(\text{軸})=a\leqq 1\\ f(0)\geqq 0 \text{ かつ } f(1)\geqq 0\end{cases}$$

であるから

$$\begin{cases}b\leqq a^2\\ 0\leqq a\leqq 1\\ b\geqq 0 \text{ かつ } b\geqq 2a-1\end{cases}$$

（ i ），（ ii ）より，点 $(a,\ b)$ の存在範囲は右図の斜線部分となる（境界も含む）。 答

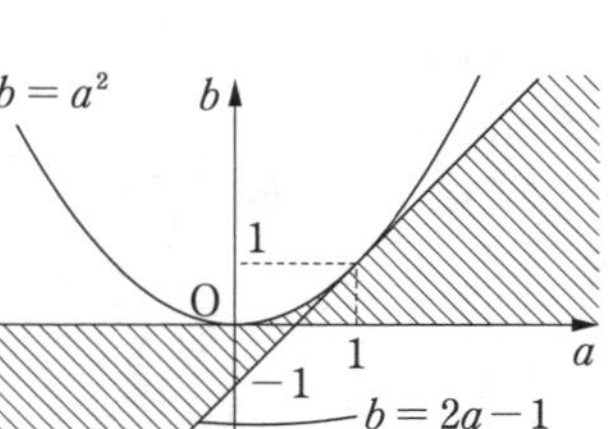

Process

方程式の実数解を，グラフと x 軸の共有点の x 座標に読み替える

↓

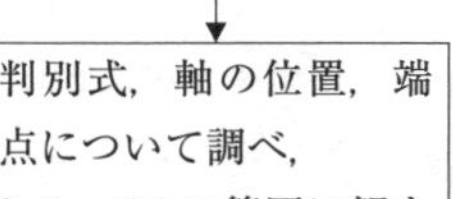

判別式，軸の位置，端点について調べ，$0\leqq x\leqq 1$ の範囲に解をもつ条件を考える

核心はココ！

2次方程式の解の配置の問題は判別式，軸の位置，端点を調べる！

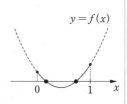

39 三角関数を含む方程式 Lv.★★★

問題は27ページ

考え方 (1) 三角関数の周期性に着目しよう。

(2) 加法定理を使うことが指示されているので，左辺を $\cos(\alpha+\beta)$ の形とみなすのが自然な流れ。さらに，2倍角の公式を用いることから α，β のいずれかを 2θ としておくとよい。

(3) 2倍角の公式と(2)の結果を用いれば，$\cos\alpha$ に関する3次方程式に帰着できる。

解答

(1) $\cos 3\alpha = \cos 2\alpha$

をみたす α は，整数 m，n を用いて

$3\alpha = 2\alpha + 360^\circ \times m$ または $3\alpha = -2\alpha + 360^\circ \times n$

$\therefore\quad \alpha = 360^\circ \times m$ または $\alpha = 72^\circ \times n$

$0^\circ < \alpha < 90^\circ$ であるから，求める α は $n=1$ のときで

$\alpha = 72^\circ$ 答

(2) $\cos 3\theta = \cos(2\theta+\theta) = \cos 2\theta \cdot \cos\theta - \sin 2\theta \cdot \sin\theta$

$= (2\cos^2\theta - 1)\cdot\cos\theta - 2\sin\theta\cos\theta\cdot\sin\theta$

$= 2\cos^3\theta - \cos\theta - 2(1-\cos^2\theta)\cos\theta$

$= 4\cos^3\theta - 3\cos\theta$ (証終)

(3) $\cos 2\alpha = 2\cos^2\alpha - 1$，$\cos 3\alpha = 4\cos^3\alpha - 3\cos\alpha$

であるから，$\cos 2\alpha = \cos 3\alpha$ より

$2\cos^2\alpha - 1 = 4\cos^3\alpha - 3\cos\alpha$

$4\cos^3\alpha - 2\cos^2\alpha - 3\cos\alpha + 1 = 0$

$(\cos\alpha - 1)(4\cos^2\alpha + 2\cos\alpha - 1) = 0$

$\therefore\quad \cos\alpha = 1,\ \dfrac{-1\pm\sqrt{5}}{4}$

$0^\circ < \alpha < 90^\circ$ より $0 < \cos\alpha < 1$ であるから，求める値は

$\cos\alpha = \dfrac{-1+\sqrt{5}}{4}$ 答

Process

周期性に着目
↓
$0^\circ < \alpha < 90^\circ$ から α の値を定める

加法定理を利用する
↓
2倍角の公式を利用する

2倍角の公式と(2)の結果を利用
↓
$\cos\alpha$ に関する3次方程式を解く

2倍角の公式，3倍角の公式は加法定理から導かれる！

40　三角関数の最大・最小，不等式　Lv.★★★

問題は27ページ

考え方　［A］$\sin x$ と $\cos x$ の 2 次式であるから，まずは，次数を下げることを考える。すると，$\sin x$ と $\cos x$ の 1 次式になるので，三角関数の合成をすればよい。
［B］不等式を証明したいので，(左辺)−(右辺) を変形することを考えよう。変形しやすくするために，同じ形の式が現れるようにしたいが，角 $\dfrac{x+y}{2}$ が現れるような $\sin x$，$\sin y$ の公式にはどのようなものがあっただろうか。

解答

［A］$y=\sin^2 x+\sqrt{3}\sin x\cos x-2\cos^2 x$

$$=\frac{1-\cos 2x}{2}+\sqrt{3}\cdot\frac{\sin 2x}{2}-2\cdot\frac{1+\cos 2x}{2}$$

$$=\frac{\sqrt{3}}{2}\sin 2x-\frac{3}{2}\cos 2x-\frac{1}{2}$$

$$=\sqrt{3}\sin\left(2x-\frac{\pi}{3}\right)-\frac{1}{2}$$

$0\leqq x<2\pi$ より，$-1\leqq\sin\left(2x-\dfrac{\pi}{3}\right)\leqq 1$ であるから

$$-\sqrt{3}-\frac{1}{2}\leqq\sqrt{3}\sin\left(2x-\frac{\pi}{3}\right)-\frac{1}{2}\leqq\sqrt{3}-\frac{1}{2}$$

したがって，y は $\sin\left(2x-\dfrac{\pi}{3}\right)=1$ のとき最大値 $\sqrt{3}-\dfrac{1}{2}$ をとり，

このとき，$-\dfrac{\pi}{3}\leqq 2x-\dfrac{\pi}{3}<\dfrac{11}{3}\pi$ より

$$2x-\frac{\pi}{3}=\frac{\pi}{2},\ \frac{5}{2}\pi\qquad\therefore\quad x=\frac{5}{12}\pi,\ \frac{17}{12}\pi$$

また，y は $\sin\left(2x-\dfrac{\pi}{3}\right)=-1$ のとき最小値 $-\sqrt{3}-\dfrac{1}{2}$ をとり，

このとき

$$2x-\frac{\pi}{3}=\frac{3}{2}\pi,\ \frac{7}{2}\pi\qquad\therefore\quad x=\frac{11}{12}\pi,\ \frac{23}{12}\pi$$

以上より

$$\begin{cases}x=\dfrac{5}{12}\pi,\ \dfrac{17}{12}\pi\ \text{のとき，最大値}\ \sqrt{3}-\dfrac{1}{2}\\ x=\dfrac{11}{12}\pi,\ \dfrac{23}{12}\pi\ \text{のとき，最小値}\ -\sqrt{3}-\dfrac{1}{2}\end{cases}$$ 答

Process

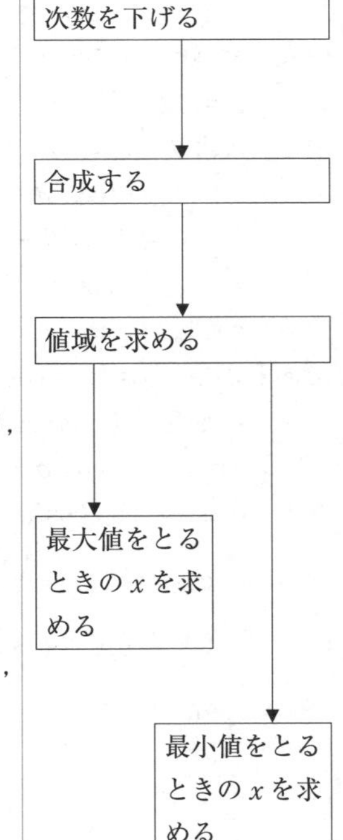
次数を下げる
合成する
値域を求める
最大値をとるときの x を求める
最小値をとるときの x を求める

［B］和積の公式より

$$\sin x+\sin y=2\sin\frac{x+y}{2}\cos\frac{x-y}{2}$$

であるから

$$(\text{左辺})-(\text{右辺})=\sin\frac{x+y}{2}-\frac{1}{2}\cdot 2\sin\frac{x+y}{2}\cos\frac{x-y}{2}$$

$$=\sin\frac{x+y}{2}\left(1-\cos\frac{x-y}{2}\right) \quad \cdots\cdots①$$

ここで，$0\leqq x\leqq\pi$，$0\leqq y\leqq\pi$ より

$$0\leqq\frac{x+y}{2}\leqq\pi \qquad \therefore \quad \sin\frac{x+y}{2}\geqq 0 \quad \cdots\cdots②$$

また，$-1\leqq\cos\frac{x-y}{2}\leqq 1$ であるから

$$1-\cos\frac{x-y}{2}\geqq 0 \quad \cdots\cdots③$$

したがって，①，②，③より

$$\sin\frac{x+y}{2}\geqq\frac{1}{2}(\sin x+\sin y)$$

等号が成立するのは②または③の等号が成り立つときである。
$0\leqq x\leqq\pi$，$0\leqq y\leqq\pi$ より

②の等号成立 $\Longleftrightarrow \sin\frac{x+y}{2}=0$

$\Longleftrightarrow x=y=0$ または $x=y=\pi$

③の等号成立 $\Longleftrightarrow \cos\frac{x-y}{2}=1 \Longleftrightarrow x=y$

であるから，等号成立は $x=y$ のときである。　（証終）

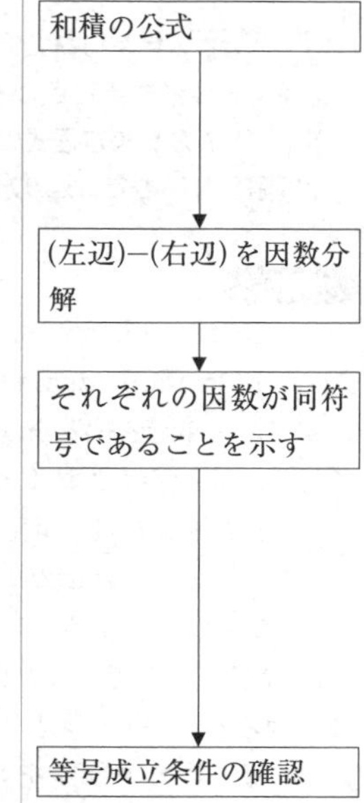
和積の公式
(左辺)−(右辺) を因数分解
それぞれの因数が同符号であることを示す
等号成立条件の確認

核心はココ！

三角関数を含む式を扱うときには
次数や角の統一を考えよ！

41 三角方程式の解の個数① Lv. ★★★

問題は28ページ

考え方 与えられた方程式は，sin と cos を含む式なので，1 種類の三角関数で表せるように式変形することから始めよう。すると，$\sin x$ の 2 次方程式になるので，$\sin x = t$ とおいて，t の 2 次方程式の解の個数に読み替えよう。このとき，t に対応する x の値が 1 個とは限らないので，x の方程式の解の個数を答えるときに注意しよう。

解答

$$\cos^2 x - 2a\sin x - a + 3 = 0$$

$$1 - \sin^2 x - 2a\sin x - a + 3 = 0$$

$$\therefore \quad -\sin^2 x - 2a\sin x - a + 4 = 0$$

ここで，$\sin x = t$ とおくと

$$-t^2 - 2at - a + 4 = 0$$

$$\therefore \quad -t^2 + 4 = a(2t + 1)$$

$-1 \leqq \sin x \leqq 1$ より $-1 \leqq t \leqq 1$ なので，この範囲における $y = -t^2 + 4$ と $y = a(2t+1)$ のグラフを考えると，右図のようになる。

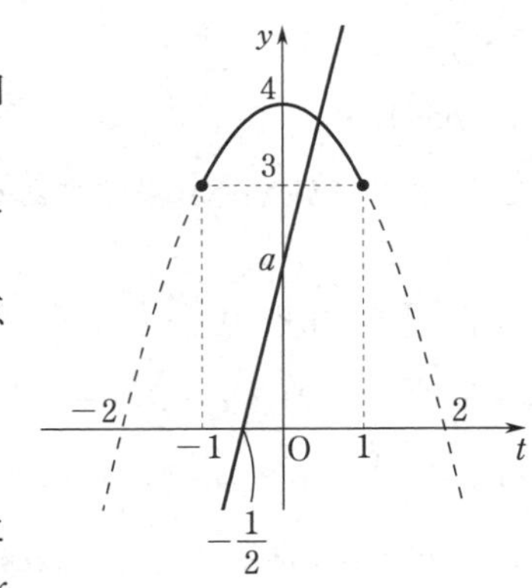

$y = a(2t+1)$ のグラフが点 (1, 3) を通るとき　$a = 1$

点 (−1, 3) を通るとき

$$a = -3$$

ここで，$-1 < t < 1$ の範囲においては 1 つの t に 2 つの x が対応し，$t = -1$, 1 のときは 1 つの t に 1 つの x が対応することに注意すると，求める方程式の解の個数は

$$\begin{cases} a < -3,\ 1 < a \text{ のとき} & 2\text{ 個} \\ a = -3,\ 1 \text{ のとき} & 1\text{ 個} \\ -3 < a < 1 \text{ のとき} & 0\text{ 個} \end{cases}$$ 答

Process

1 種類の三角関数で表す
↓
三角関数を t で置き換える
↓
定数分離をして，グラフを用いて考える
↓
t と x の対応関係を考える

文字を置き換えたら
もとの文字との対応関係に注意！

42 三角方程式の解の個数② Lv.★★★

問題は28ページ

考え方 （3）与えられた式は，$\sin\theta$ と $\cos\theta$ の対称式なので，$t=\sin\theta+\cos\theta$ を利用して t についての方程式をつくろう。定数 k を分離して $k=f(t)$ とすれば，t についての方程式の解を $y=f(t)$ と $y=k$ のグラフの共有点の t 座標と考えられる。

解答

（1）$t=\sin\theta+\cos\theta$ の両辺を 2 乗すると

$$t^2=\sin^2\theta+2\sin\theta\cos\theta+\cos^2\theta=1+2\sin\theta\cos\theta$$

$$\therefore\quad \sin\theta\cos\theta=\frac{t^2-1}{2}$$ 答

（2）$t=\sin\theta+\cos\theta=\sqrt{2}\sin\left(\theta+\frac{\pi}{4}\right)$

$0\leqq\theta\leqq\pi$ より $\frac{\pi}{4}\leqq\theta+\frac{\pi}{4}\leqq\frac{5\pi}{4}$ であるから

$$-\frac{1}{\sqrt{2}}\leqq\sin\left(\theta+\frac{\pi}{4}\right)\leqq1\qquad\therefore\quad -1\leqq t\leqq\sqrt{2}$$ 答

（3）$2\sin\theta\cos\theta-2(\sin\theta+\cos\theta)-k=0$ に（1）の結果を用いると

$$k=2\cdot\frac{t^2-1}{2}-2t=t^2-2t-1$$

$f(t)=t^2-2t-1$ とおくと，（2）の結果から，$y=f(t)$ のグラフは右図のようになる。t に対応する θ の個数は，

$-1\leqq t<1$, $t=\sqrt{2}$ のとき 1 個，$1\leqq t<\sqrt{2}$ のとき 2 個であり，$k=1$ のとき，$y=f(t)$ と $y=k$ のグラフは $-1<t<0$ の範囲で共有点を 1 個もつから，解 θ の個数は 1 個。

また，$k=-1.9$ のとき，$-2<k<1-2\sqrt{2}$ より $y=f(t)$ と $y=k$ のグラフは $0<t<1$, $1<t<\sqrt{2}$ の範囲で共有点を 1 個ずつもつから，解 θ の個数は 3 個。

以上より，$k=1$ のとき 1 個，$k=-1.9$ のとき 3 個 答

Process

三角関数の合成

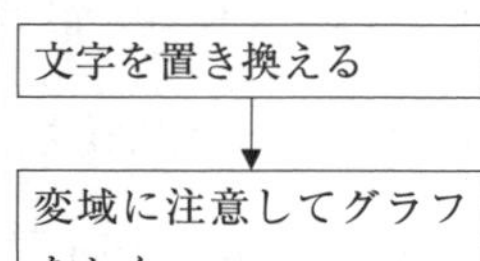

文字を置き換える

変域に注意してグラフをかく

置き換えた変数 t と置き換える前の変数 θ の対応を考える

$y=f(t)$ と $y=k$ のグラフの共有点の t 座標を考える

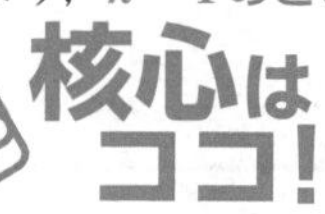

核心はココ！

$\sin\theta$ と $\cos\theta$ の対称式は $t=\sin\theta+\cos\theta$ とおいて考えよ！

43 図形への応用 Lv. ★★★

問題は29ページ

考え方 （2）△OAQ と △OBR の面積の和は $\sin\theta$ と $\cos\theta$ の1次式であるから，三角関数の合成をすればよい。点 P の座標を考えるときは，直線 OP と x 軸のなす角に注目しよう。

解答

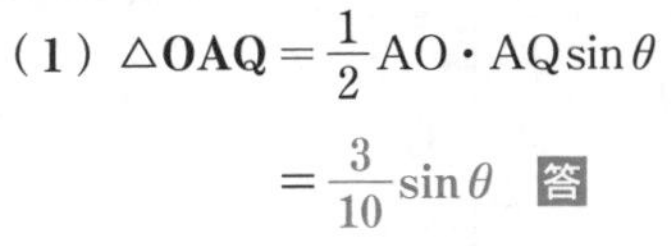

（1）$\triangle\mathrm{OAQ} = \dfrac{1}{2}\mathrm{AO}\cdot\mathrm{AQ}\sin\theta$

$$= \frac{3}{10}\sin\theta \quad \text{答}$$

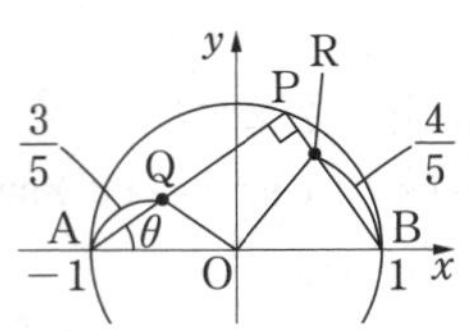

また，$\angle\mathrm{APB} = \dfrac{\pi}{2}$ より $\angle\mathrm{OBR} = \dfrac{\pi}{2} - \theta$ であるから

$$\triangle\mathrm{OBR} = \frac{1}{2}\mathrm{BO}\cdot\mathrm{BR}\sin\left(\frac{\pi}{2}-\theta\right) = \frac{2}{5}\cos\theta \quad \text{答}$$

（2）求める面積の和を S とすると，（1）の結果から

$$S = \frac{3}{10}\sin\theta + \frac{2}{5}\cos\theta = \frac{1}{2}\sin(\theta+\alpha)$$

（ただし，α は $\cos\alpha = \dfrac{3}{5}$，$\sin\alpha = \dfrac{4}{5}$，$0 < \alpha < \dfrac{\pi}{2}$ をみたす角）

$0 < \theta < \dfrac{\pi}{2}$ であるから，$\theta + \alpha = \dfrac{\pi}{2}$ となる θ が存在し，この θ に対して S は**最大値** $\dfrac{1}{2}$ をとる。 答

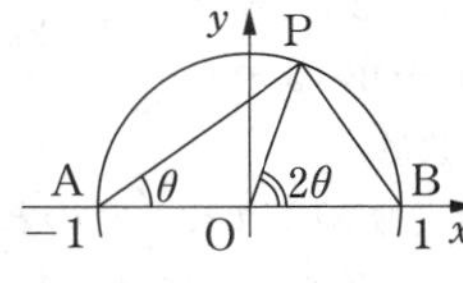

また，$\angle\mathrm{POB} = 2\angle\mathrm{PAB} = 2\theta$ より点 P の座標は $(\cos 2\theta,\ \sin 2\theta)$ であり

$$\cos 2\theta = \cos 2\left(\frac{\pi}{2}-\alpha\right) = -\cos 2\alpha = -2\cos^2\alpha + 1 = \frac{7}{25}$$

$$\sin 2\theta = \sin 2\left(\frac{\pi}{2}-\alpha\right) = \sin 2\alpha = 2\sin\alpha\cos\alpha = \frac{24}{25}$$

であるから，求める点 P の座標は　$\mathrm{P}\left(\dfrac{7}{25},\ \dfrac{24}{25}\right)$ 答

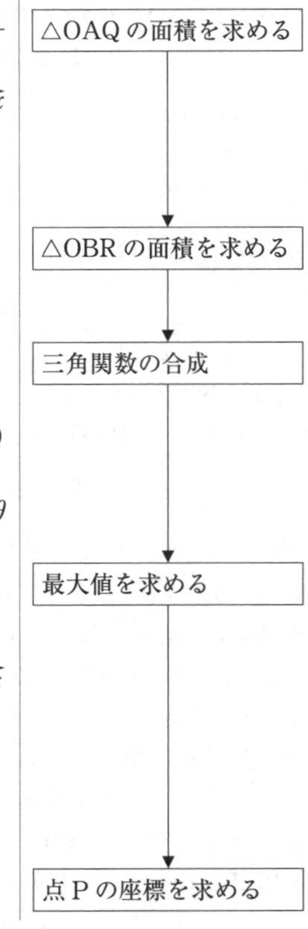

核心はココ！

円周上の点の座標は cos と sin で表せる！

44 tan の利用 Lv.★★★

問題は29ページ

考え方 2直線のなす角に関する問題では，tan の加法定理

$$\tan(\alpha-\beta)=\frac{\tan\alpha-\tan\beta}{1+\tan\alpha\tan\beta}$$

を利用するとうまくいくことがある。直線の傾き等を $\tan\alpha$，$\tan\beta$ で表すとなす角についての式が得られるわけだ。

解答

x 軸の正の方向から，
$\overrightarrow{PA}=(-x,\ 1-x)$,
$\overrightarrow{PB}=(-x,\ 2-x)$ へ反時計回りにはかった角をそれぞれ α，β とする。
$\angle APB=\theta$ とすると，$x>0$ より

$$\theta=\alpha-\beta$$

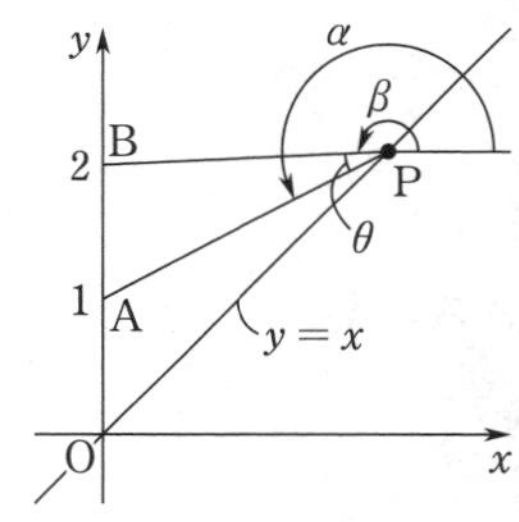

そして

$$\tan\alpha=\frac{x-1}{x},\quad \tan\beta=\frac{x-2}{x}$$

と表せる。

ここで，線分 AB を直径とする円は P の軌跡 $y=x\ (x>0)$ と共有点をもたないので，P はこの円の外側にあり

$$0<\angle APB=\theta<\frac{\pi}{2}$$

で考えればよい。

$$\begin{aligned}\tan\theta&=\tan(\alpha-\beta)\\&=\frac{\tan\alpha-\tan\beta}{1+\tan\alpha\tan\beta}\\&=\frac{\dfrac{x-1}{x}-\dfrac{x-2}{x}}{1+\dfrac{x-1}{x}\cdot\dfrac{x-2}{x}}\\&=\frac{1}{2x+\dfrac{2}{x}-3}\end{aligned}$$

Process

直線どうしのなす角を設定する

↓

tan の加法定理を利用する

$x > 0$ より，相加・相乗平均の関係を用いて

$$2x + \frac{2}{x} \geqq 2\sqrt{2x \cdot \frac{2}{x}} = 4$$

（等号成立は $2x = \frac{2}{x}$ より，$x = 1$ のとき）

だから

$$0 < \tan\theta \leqq \frac{1}{4-3} = 1$$

これと $0 < \theta < \frac{\pi}{2}$ より

$$0 < \theta \leqq \frac{\pi}{4}$$

よって，求める最大値は

$x = 1$ のとき $\frac{\pi}{4}$ である。 答

2 直線のなす角に関する問題では，
tan の利用を考えよう！

45 指数関数のグラフの応用 Lv.★★★

問題は30ページ

考え方 （1）2^x，2^{-x} はともに正であり，積が定数であることから，相加・相乗平均の関係を利用しよう。

（2）$-6\cdot2^x-6\cdot2^{-x}=-6t$ より，4^x+4^{-x} を t で表すことを考えたい。そこで，$t=2^x+2^{-x}$ の両辺を2乗してみよう。

（3）（2）より y は t の2次式で表されるので，平方完成をしてグラフをかいて考えればよい。このとき，置き換えた文字 t の範囲に注意する。

解答

（1）$2^x>0$，$2^{-x}>0$ より，相加・相乗平均の関係より

$$t=2^x+2^{-x}\geqq2\sqrt{2^x\cdot2^{-x}}=2$$

等号成立条件は

$$2^x=2^{-x}$$

$$\therefore\quad x=0$$

よって，t は $x=0$ のとき最小値2をとる。 答

（2）$4^x+4^{-x}=(2^x+2^{-x})^2-2$

$$=t^2-2$$

より

$$y=4^x+4^{-x}-6(2^x+2^{-x})$$

$$=t^2-6t-2$$ 答

（3）（1），（2）より

$$y=(t-3)^2-11\quad(t\geqq2)$$

グラフは右図のようになるから y は $t=3$ のとき最小値 -11 をとる。 答

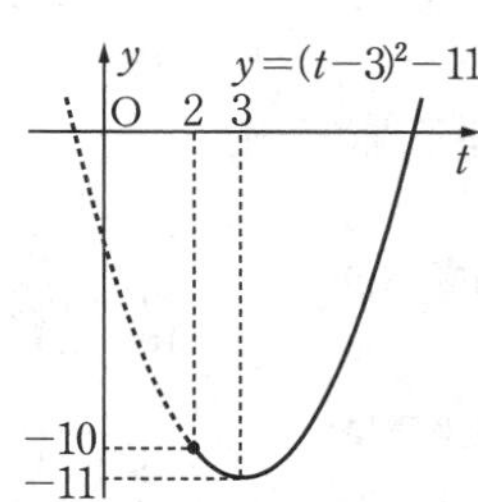

Process

相加・相乗平均の関係
↓
等号成立条件の確認

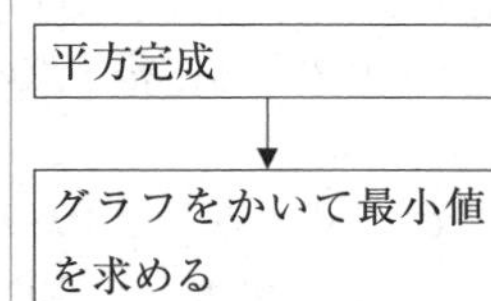

平方完成
↓
グラフをかいて最小値を求める

a^x+a^{-x} を見たら，
相加・相乗平均の関係を利用しよう！

46 指数不等式 Lv. ★★★

問題は30ページ

考え方 不等式をみたす整数の組 $(x,\ y)$ の個数は，不等式をみたす領域に含まれる格子点（x 座標と y 座標がともに整数である点）の個数として考えられる。格子点の個数を求める際は，座標軸に垂直な直線上の格子点の個数を数えてから，それらをたし合わせるとよい。

解答

（1）$10^{2x} \leqq 10^{6-x} \Longleftrightarrow 2x \leqq 6-x$

したがって　$x \leqq 2$ **答**

（2）$y=10^{2x}$ と $y=10^{5x}$ のグラフの交点の座標は $(0,\ 1)$

$y=10^{5x}$ と $y=10^{6-x}$ のグラフの交点の x 座標は

$$5x=6-x \qquad \therefore \quad x=1$$

であるから，交点の座標は $(1,\ 10^5)$

$y=10^{6-x}$ と $y=10^{2x}$ のグラフの交点の x 座標は

$$6-x=2x \qquad \therefore \quad x=2$$

であるから，交点の座標は $(2,\ 10^4)$

よって，連立不等式

$$10^{2x} \leqq y \leqq 10^{5x} \text{ かつ } y \leqq 10^{6-x}$$

をみたす実数 $(x,\ y)$ の集合を図示すると，下図の斜線部分のようになる（境界を含む）。

したがって，領域内の格子点の x 座標は $x=0,\ 1,\ 2$ であり

$x=0$ のとき，格子点の座標は

$(0,\ 1)$

$x=1$ のとき，格子点の座標は

$(1,\ 10^2),\ (1,\ 10^2+1),\ (1,\ 10^2+2),\ \cdots\cdots,\ (1,\ 10^5)$

$x=2$ のとき，格子点の座標は $(2,\ 10^4)$

したがって，求める整数の組 $(x,\ y)$ の個数は

$$1+(10^5-10^2+1)+1=99903\ (\text{個})$$ **答**

Process

- （底）>1 より $a^x \leqq a^y \Longleftrightarrow x \leqq y$ を利用
- ↓ $y=10^{2x}$，$y=10^{5x}$，$y=10^{6-x}$ のグラフの交点をそれぞれ求める
- ↓ 領域を図示
- ↓ x 座標の値を絞り込む
- ↓ 格子点の個数を求める

x，y の不等式をみたす整数の組 $(x,\ y)$ は格子点を利用して数え上げろ！

47 対数不等式 Lv.★★★

問題は31ページ

考え方 次のことに注意して，計算を進めていけばよい。
- 対数を扱う場合，底条件と真数条件という前提条件がある。
- 底が異なるときは統一する。
- 不等式で真数部分の大小を比較するとき，底の値と不等号の向きの関係に注意。

解答

$$\log_a(x+2) \geqq \log_{a^2}(3x+16) \quad \cdots\cdots①$$

において，真数条件より

$$\begin{cases} x+2>0 \\ 3x+16>0 \end{cases} \quad \therefore \quad x>-2 \quad \cdots\cdots②$$

②のもとで，①を変形すると

$$\log_a(x+2) \geqq \frac{\log_a(3x+16)}{\log_a a^2}$$

$$\log_a(x+2) \geqq \frac{\log_a(3x+16)}{2}$$

$$2\log_a(x+2) \geqq \log_a(3x+16)$$

$$\therefore \quad \log_a(x+2)^2 \geqq \log_a(3x+16)$$

（i）$0<a<1$ のとき

$$(x+2)^2 \leqq 3x+16 \quad \therefore \quad -4 \leqq x \leqq 3$$

これと②より　$-2<x\leqq 3$

（ii）$a>1$ のとき

$$(x+2)^2 \geqq 3x+16 \quad \therefore \quad x \leqq -4,\ 3 \leqq x$$

これと②より　$x \geqq 3$

（i），（ii）より

$$\begin{cases} 0<a<1 \text{ のとき} & -2<x\leqq 3 \\ a>1 \text{ のとき} & x\geqq 3 \end{cases}$$ 答

Process

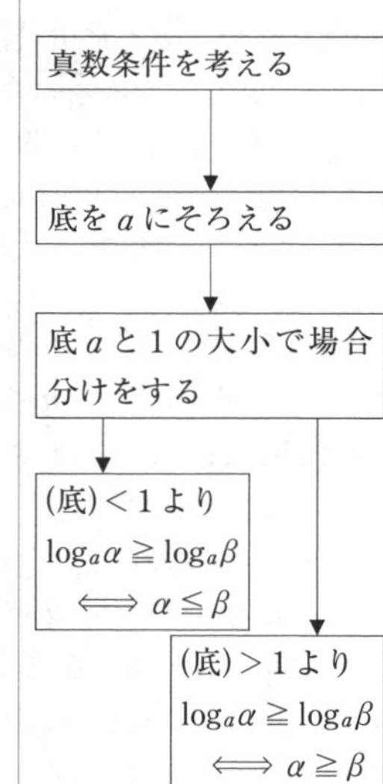
真数条件を考える
底を a にそろえる
底 a と 1 の大小で場合分けをする
(底)＜1 より
$\log_a\alpha \geqq \log_a\beta \iff \alpha \leqq \beta$
(底)＞1 より
$\log_a\alpha \geqq \log_a\beta \iff \alpha \geqq \beta$

核心はココ!

対数関数を含む不等式を解くときには
底と1の大小に注意！

48 常用対数と桁数 Lv. ★★★

問題は31ページ

考え方 桁数に関する問題では，その数と 10 の累乗との大小比較が大切となる。本問では 6^n が 39 桁の自然数であるから，$10^{38} \leqq 6^n < 10^{39}$ が成り立つ。この不等式を解くために，辺々常用対数をとって考えよう。

また，最高位の数字を考えるときは，$l \times 10^m$ $(l=1,\ 2,\ \cdots,\ 9)$ と大小比較をする。

解答

6^n が 39 桁の自然数になるとき

$$10^{38} \leqq 6^n < 10^{39}$$

が成り立つ。辺々常用対数をとると

$$\log_{10} 10^{38} \leqq \log_{10} 6^n < \log_{10} 10^{39}$$

$$38 \leqq n \log_{10} 6 < 39$$

$$38 \leqq n(\log_{10} 2 + \log_{10} 3) < 39$$

$$38 \leqq n(0.3010 + 0.4771) < 39$$

$$\frac{38}{0.7781} \leqq n < \frac{39}{0.7781}$$

$$\therefore\quad 48.8369\cdots \leqq n < 50.1220\cdots$$

したがって，求める自然数 n の値は

$n=49,\ 50$ 答

（i）$n=49$ のとき

$$\log_{10} 6^{49} = 49\log_{10} 6 = 49 \times 0.7781 = 38.1269$$

ここで，$\log_{10} 1 = 0$，$\log_{10} 2 = 0.3010$ であるから

$$\log_{10} 1 < 0.1269 < \log_{10} 2$$

$$38 + \log_{10} 1 < 38 + 0.1269 < 38 + \log_{10} 2$$

$$\log_{10}(1 \cdot 10^{38}) < \log_{10} 6^{49} < \log_{10}(2 \cdot 10^{38})$$

$$\therefore\quad 1 \cdot 10^{38} < 6^{49} < 2 \cdot 10^{38}$$

したがって，6^{49} の最高位の数字は 1 である。

（ii）$n=50$ のとき

$$\log_{10} 6^{50} = 50\log_{10} 6 = 50 \times 0.7781 = 38.905$$

ここで

$$\log_{10} 8 = \log_{10} 2^3 = 3\log_{10} 2 = 0.9030$$

$$\log_{10} 9 = \log_{10} 3^2 = 2\log_{10} 3 = 0.9542$$

であるから

Process

○が△桁の自然数ならば $10^{\triangle-1} \leqq ○ < 10^{\triangle}$

↓

常用対数をとる

常用対数を用いて大小比較をする

↓

□ $\times 10^{\triangle-1}$ の形ではさんで最高位の数字を見つける

$$\log_{10} 8 < 0.905 < \log_{10} 9$$
$$38 + \log_{10} 8 < 38 + 0.905 < 38 + \log_{10} 9$$
$$\log_{10}(8 \cdot 10^{38}) < \log_{10} 6^{50} < \log_{10}(9 \cdot 10^{38})$$
$$\therefore \quad 8 \cdot 10^{38} < 6^{50} < 9 \cdot 10^{38}$$

したがって，6^{50} の最高位の数字は 8 である。

(ⅰ)，(ⅱ)より，求める最高位の数字は

$n=49$ のとき 1，$n=50$ のとき 8 **答**

解説 たとえば，ある正の数 x の整数部分が 4 桁である条件は

$$10^3 = 1000 \leqq x < 10000 = 10^4$$

をみたすことであり，また，1 より小さい正の数 x が小数第 4 位に初めて 0 でない数字が現れる条件は

$$10^{-4} = 0.0001 \leqq x < 0.001 = 10^{-3}$$

をみたすことである。一般に

$10^{n-1} \leqq x < 10^n$　をみたす x は，n 桁の実数
$10^{-n} \leqq x < 10^{-n+1}$ をみたす x は，小数第 n 位に初めて 0 でない数字が現れる実数

であり，ある数 x の桁数や小数第何位に初めて 0 でない数字が現れるかを求めるためには，10 を底とする対数(常用対数)をとって，この不等式をみたす n を求めればよい。

桁数や最高位の数字は常用対数を用いて考える！

49 三角形の面積 Lv. ★★★

問題は32ページ

考え方 グラフをかくと，面積を求める図形は三角形であることがわかるので，三角形の頂点の座標を求めることからはじめよう。辺や角ではなく座標が求められるので，何か計算の工夫ができないか考えよう。

解答

$x-y+1=0$ …………①

$2x+y-2=0$ ………②

$x+2y=0$ ……………③

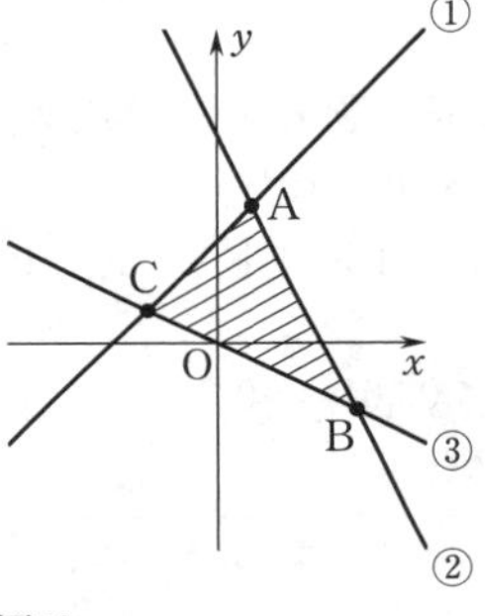

①と②，②と③，③と①の交点をそれぞれ A，B，C とする。

①と②を連立させて解くと，点 A の座標は

$$A\left(\frac{1}{3},\ \frac{4}{3}\right)$$

②と③を連立させて解くと，点 B の座標は

$$B\left(\frac{4}{3},\ -\frac{2}{3}\right)$$

③と①を連立させて解くと，点 C の座標は

$$C\left(-\frac{2}{3},\ \frac{1}{3}\right)$$

ここで，点 C が原点 O にくるように △ABC を平行移動し，平行移動したあとの A，B，C をそれぞれ点 A′，B′，C′ とすると，それらの座標は

$A'(1,\ 1)$，$B'(2,\ -1)$，$C'(0,\ 0)$

したがって，求める面積は

$$\frac{1}{2}|1\cdot(-1)-1\cdot 2|=\frac{3}{2}$$ 答

Process

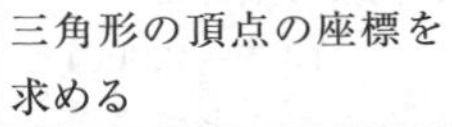

三角形の頂点の座標を求める

↓

三角形の1つの頂点が原点 O にくるように平行移動する

↓

三角形の面積公式を利用する

原点 O，P$(a,\ b)$，Q$(c,\ d)$ を頂点とする三角形の面積 S は

$S=\dfrac{1}{2}|ad-bc|$ で求めることができる！

第25回

50 円の接線 Lv.★★★

問題は32ページ

考え方 （2）（3）円上の点Pにおける接線を考えるので，接点Pの座標を設定して円の接線の公式を用いるとよい。
（4）方程式 $ax+by=1$ の表す直線は，円 C 上の点 $\mathrm{P}(a,\ b)$ における接線であることに注目。（2），（3）を利用することも考えよう。

解答

（1）$\begin{cases}4x-3y-35=0\\3x-4y-35=0\end{cases}$ を連立して解くと　　$x=5,\ y=-5$

$\therefore$　$\mathrm{A}(5,\ -5)$ 答

（2）点Pにおける C の接線と直線 l が平行になるときの点Pの座標を $\mathrm{P}_1(x_1,\ y_1)$ とおくと，点 P_1 における接線の方程式は

$$x_1x+y_1y=1$$

とおける。

点 P_1 は円 C 上の点であるから

$$x_1^2+y_1^2=1 \quad \cdots\cdots①$$

点 P_1 における接線と直線 l が平行であることから

$$x_1\cdot(-3)-y_1\cdot4=0 \iff y_1=-\frac{3}{4}x_1 \quad \cdots\cdots②$$

①，②より，求める点の座標は

$$\left(\frac{4}{5},\ -\frac{3}{5}\right),\ \left(-\frac{4}{5},\ \frac{3}{5}\right)$$ 答

点Pにおける C の接線と直線 m が平行になるときの点Pの座標を $\mathrm{P}_2(x_2,\ y_2)$ とおくと，同様にして

$$x_2^2+y_2^2=1,\ y_2=-\frac{4}{3}x_2$$

を得るから，求める点の座標は

$$\left(\frac{3}{5},\ -\frac{4}{5}\right),\ \left(-\frac{3}{5},\ \frac{4}{5}\right)$$ 答

（3）求める点Pの座標を $\mathrm{P}_3(x_3,\ y_3)$ とおくと，点 P_3 における接線の方程式は

$$x_3x+y_3y=1$$

とおける。

点 P_3 は円 C 上の点であるから

$$x_3^2+y_3^2=1 \quad \cdots\cdots③$$

Process

円の接線の公式を用いる
↓
2直線が平行になる条件を考える

円の接線の公式を用いる

点 P_3 における接線が点 A を通ることから

$$5x_3-5y_3=1 \quad \cdots\cdots ④$$

③，④より，求める点の座標は

$$\left(\frac{4}{5},\ \frac{3}{5}\right),\ \left(-\frac{3}{5},\ -\frac{4}{5}\right)$$ 答

（4）$\begin{cases} 4x-3y \geqq 35 \\ 3x-4y \leqq 35 \end{cases}$

の表す領域は右図の斜線部分である（境界を含む）。

$ax+by=1$ は円 C 上の点 $P(a,\ b)$ における接線で，y 切片が $\dfrac{1}{b}>0$ であるから，3 つの不等式の表す領域が三角形の周および内部になるのは，$ax+by=1$ が m と平行なときから A を通るときまでを動くとき，すなわち点 P が上図の太線部分を動く場合である。接点の x 座標に着目すると

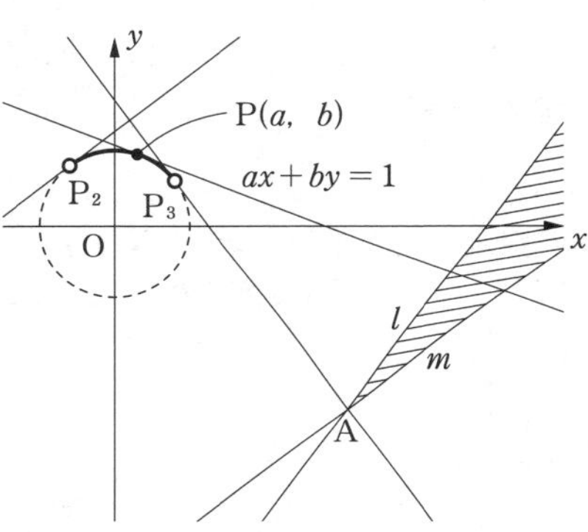

$$\frac{-3}{5}<a<\frac{4}{5}$$ 答

接線が点 A を通る条件を考える

文字定数を含まない 2 つの不等式の表す領域を考える

↓

文字定数を含む式の意味を考える

円の接線の方程式は，
接点の座標を設定して考えよ！

51 円と直線① Lv.★★★

問題は33ページ

考え方 前半は円と直線の位置関係に関する問題で,「円の中心と直線の距離を,円の半径と比較する」というのが定石の一つ。後半は「弦の長さ」「円の中心と直線の距離」「円の半径」の関係を考え,三平方の定理を利用しよう。

解答

点$(3,\ 0)$を通る傾きmの直線lの方程式は

$$y=m(x-3)$$

$$\therefore\quad mx-y-3m=0$$

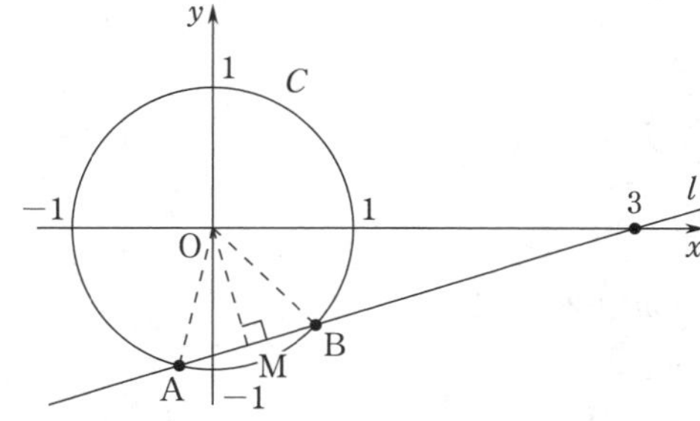

lとCが異なる2点で交わるとき,Oとlとの距離dは1より小さいから

$$d=\frac{|-3m|}{\sqrt{m^2+1}}<1$$

両辺正なので,分母を払い,両辺を2乗すると

$$|-3m|<\sqrt{m^2+1}$$

$$9m^2<m^2+1$$

$$8m^2<1$$

これより,求めるmの値の範囲は

$$-\frac{\sqrt{2}}{4}<m<\frac{\sqrt{2}}{4}\quad \text{答} \quad \cdots\cdots①$$

mがこの範囲にあるとき,弦ABの中点をMとすると,△OAMについて三平方の定理より

$$\mathrm{AM}^2=\mathrm{OA}^2-\mathrm{OM}^2=1-\left(\frac{|-3m|}{\sqrt{m^2+1}}\right)^2$$

$$=1-\frac{9m^2}{m^2+1}=\frac{-8m^2+1}{m^2+1}$$

Process

直線の方程式を$ax+by+c=0$の形で立式する

↓

円の中心と直線との距離を考える

半径,弦の長さ,点と直線の距離に,三平方の定理を適用

$AM>0$ より　　$AM=\sqrt{\dfrac{-8m^2+1}{m^2+1}}$

よって　　$AB=2AM=2\sqrt{\dfrac{-8m^2+1}{m^2+1}}$

ここで　　$\triangle OAB=\dfrac{1}{2}AB\cdot OM$

$$=\sqrt{\frac{-8m^2+1}{m^2+1}}\cdot\sqrt{\frac{9m^2}{m^2+1}}$$

$$=\frac{\sqrt{9m^2(-8m^2+1)}}{m^2+1}$$

$\triangle OAB=\dfrac{1}{2}$ のとき

$$\frac{\sqrt{9m^2(-8m^2+1)}}{m^2+1}=\frac{1}{2}$$

$$2\sqrt{9m^2(-8m^2+1)}=m^2+1$$

両辺を 2 乗すると

$$4\{9m^2(-8m^2+1)\}=m^4+2m^2+1$$

$$289m^4-34m^2+1=0$$

$$(17m^2-1)^2=0$$

$$m^2=\frac{1}{17}$$

これは①をみたすので，求める m の値は

$\boldsymbol{m=\pm\dfrac{1}{\sqrt{17}}}$　答

円と直線の位置関係は，
「円の中心と直線との距離」で考えよう

52 円と直線② Lv.★★★

問題は33ページ

考え方 （1）「定数 k の値によらず通る点」を求めるので，直線 l の式が k についての恒等式となるような値の組 $(x,\ y)$ を求めればよい。

（2）正三角形の外接円の図形的な性質を利用して考える。

・外心は各辺の垂直二等分線上にある

・中心角は 120°

などの条件を利用して座標を求めよう。

（3）2 つの曲線の交点の座標を求めて解こうとすると，計算が煩雑になる。そこで，2 つの曲線 $f(x,\ y)=0$，$g(x,\ y)=0$ の交点を通る曲線の式

$$f(x,\ y)+kg(x,\ y)=0$$

を利用しよう。

解答

（1）$l:(1-k)x+(1+k)y+2k-14=0$

から　$x+y-14+k(-x+y+2)=0$

上式がすべての k について成り立つとき

$$\begin{cases} x+y-14=0 \\ -x+y+2=0 \end{cases}$$

であり，$x=8$，$y=6$ より

$\mathrm{A}(8,\ 6)$ **答**

（2）外接円の中心を K とすると，K は線分 OA の垂直二等分線上にある。線分 OA の中点は $(4,\ 3)$，傾きは $\dfrac{3}{4}$ なので，垂直二等分線は

$$y-3=-\frac{4}{3}(x-4)$$

$$\therefore\quad y=\frac{-4x+25}{3}$$

となるので $\mathrm{K}\left(t,\ \dfrac{-4t+25}{3}\right)$ とおける。また，$\mathrm{A}(8,\ 6)$ であるから

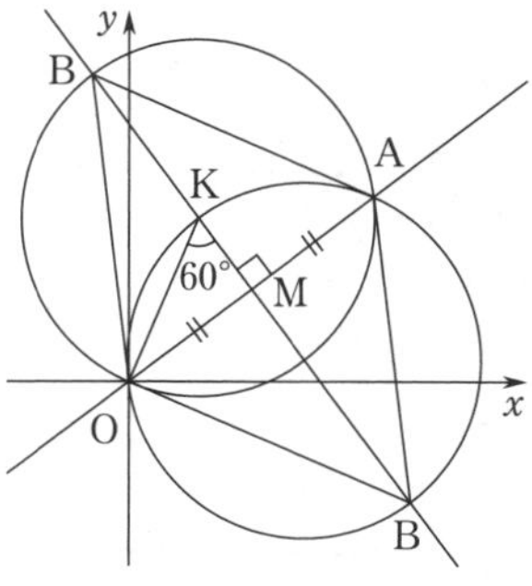

$$\mathrm{OK}=\frac{2}{\sqrt{3}}\cdot\frac{\mathrm{OA}}{2}=\frac{10}{\sqrt{3}}$$

より

Process

k について整理する

↓

k についての恒等式になる条件を立式

正三角形の外接円の中心がみたす条件を図形的に考察する

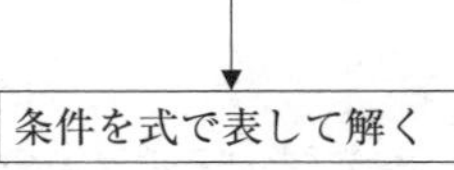

$$\mathrm{OK}^2=\frac{100}{3}$$

$$t^2+\left(\frac{-4t+25}{3}\right)^2=\frac{100}{3}$$

$$t^2-8t+13=0$$

$$\therefore\quad t=4\pm\sqrt{3}$$

条件を式で表して解く

よって，求める座標は

$$\left(4\pm\sqrt{3},\ 3\mp\frac{4\sqrt{3}}{3}\right)$$ (複号同順) 答

（3）直線 l と円 $C：x^2+y^2=16$ の交点を通る円の方程式は

$$x^2+y^2-16+\alpha\{x+y-14+k(-x+y+2)\}=0 \quad \cdots ①$$

共有点を通る曲線の方程式を立てる

と表せる。これが 2 点 $\mathrm{P}(-4,\ 0)$，$\mathrm{Q}(2,\ 0)$ を通るとき

$$\begin{cases}\alpha(-18+6k)=0\\-12-12\alpha=0\end{cases}$$

通る点の x 座標，y 座標を方程式に代入する

$$\therefore\quad \alpha=-1,\ k=3$$

①に代入して，求める円の方程式は

$$x^2+y^2+2x-4y-8=0$$ 答

2 つの曲線 $f(x,\ y)=0$，$g(x,\ y)=0$ の共有点を通る曲線の方程式は $f(x,\ y)+kg(x,\ y)=0$

53 互いに外接する2円 Lv.★★★

問題は34ページ

考え方 問題文に与えられた図形的条件を数式に読み替えることからはじめよう。ここでは2つの円が互いに外接する条件を

(2円の半径の和)＝(2円の中心間の距離)

と考えるとよい。

解答

C 上の点の y 座標は正の値をとり，Pを中心とする円 C' は，円 C と x 軸に接するので，$b>0$ であり C' の半径は b である。

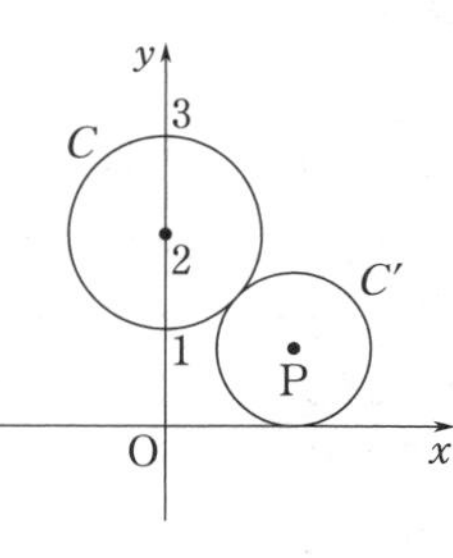

C と C' が外接するとき，C の中心 $(0,\ 2)$ とPとの距離は C と C' の半径の和 $1+b$ に等しいので

$$\sqrt{a^2+(b-2)^2}=1+b$$

両辺とも正なので，2乗すると

$$a^2+(b-2)^2=(1+b)^2$$

$$a^2-6b+3=0$$

$$\therefore\quad b=\frac{a^2+3}{6}$$

よって，Pの描く図形の方程式は

$$y=\frac{x^2+3}{6}$$ 答

Process

図形的条件を数式に読み替える

↓

動点の座標 a と b の関係式を求める

↓

式を整理し，軌跡の方程式を求める

核心はココ！

図形的条件を読み取り，動点についての関係式を求めよう

54　中点の軌跡　Lv.★★★

問題は34ページ

考え方　（1）交点A，Bのx座標は2次方程式$x^2-2x-2=kx-(k^2+2)$の実数解である。したがって判別式を考えればよい。

（2）2点A，Bのx座標をそれぞれα，βとおくと，中点Cのx座標は$\dfrac{\alpha+\beta}{2}$で表せる。$\alpha+\beta$の値を求めるので，（1）で得られた2次方程式に解と係数の関係を用いればよい。

（3）パラメータkを消去し，xとyの関係式をつくればよい。

解答

$y=x^2-2x-2$ ……①　$y=kx-(k^2+2)$ ……②

（1）①，②からyを消去したxの2次方程式

$x^2-(k+2)x+k^2=0$ ……………………③

が異なる2つの実数解をもてばよく，判別式をDとおくと

$D=(k+2)^2-4k^2=-3k^2+4k+4>0$

したがって　$-\dfrac{2}{3}<k<2$　答

（2）2点A，Bのx座標は③の2つの実数解であり，それぞれα，βとおく。解と係数の関係より$\alpha+\beta=k+2$となるから，線分ABの中点C$(x,\ y)$のx座標は

$x=\dfrac{\alpha+\beta}{2}=\dfrac{k}{2}+1$ ……………………④

これと②を合わせて，求める点Cの座標は

$\left(\dfrac{k}{2}+1,\ -\dfrac{k^2}{2}+k-2\right)$　答

（3）$x=\dfrac{k}{2}+1$から　$k=2(x-1)$

よって，点Cの軌跡を表す方程式は　$y=-2x^2+6x-6$　答

また，（1）の結果と④より　$\dfrac{2}{3}<x<2$　答

Process

交点A，Bのx座標を文字でおく
↓
解と係数の関係を利用して，中点Cの座標をkを用いて表す

パラメータkを消去し，軌跡の方程式を求める
↓
（1）の結果からxの範囲（軌跡の限界）を求める

動点の軌跡の問題では，
軌跡の限界を必ず調べよ！

55 直線の通過領域 Lv.★★★

問題は35ページ

考え方 「実数 t を1つ定めると，直線 l が1つ定まる」と考えて，t に着目しよう。直線 l の式を t の方程式とみて，$-1 \leqq t \leqq 1$ の範囲に解をもつための x，y の関係式を導く。

解答

l：$y = t(x-t)$ から　$t^2 - xt + y = 0$

この左辺を $f(t)$ とおくと　$f(t) = \left(t - \dfrac{x}{2}\right)^2 + y - \dfrac{x^2}{4}$

点 $(x,\ y)$ が直線 l の通過する領域に含まれるための条件は，2次方程式 $f(t) = 0$ が $-1 \leqq t \leqq 1$ の範囲に少なくとも1つの実数解をもつことである。$u = f(t)$ のグラフから

（ア）$\dfrac{x}{2} \leqq -1$ のとき　$\begin{cases} f(-1) = 1 + x + y \leqq 0 \\ f(1) = 1 - x + y \geqq 0 \end{cases}$

（イ）$1 \leqq \dfrac{x}{2}$ のとき　$\begin{cases} f(-1) = 1 + x + y \geqq 0 \\ f(1) = 1 - x + y \leqq 0 \end{cases}$

（ウ）$-1 < \dfrac{x}{2} < 1$ のとき，$y - \dfrac{x^2}{4} \leqq 0$ のもとで

$f(-1) = 1 + x + y \geqq 0$ または $f(1) = 1 - x + y \geqq 0$

（ア）～（ウ）を整理して

$x \leqq -2$ のとき　$x - 1 \leqq y \leqq -x - 1$

$x \geqq 2$ のとき　$-x - 1 \leqq y \leqq x - 1$

$-2 < x < 2$ のとき

$x - 1 \leqq y \leqq \dfrac{x^2}{4}$ または

$-x - 1 \leqq y \leqq \dfrac{x^2}{4}$

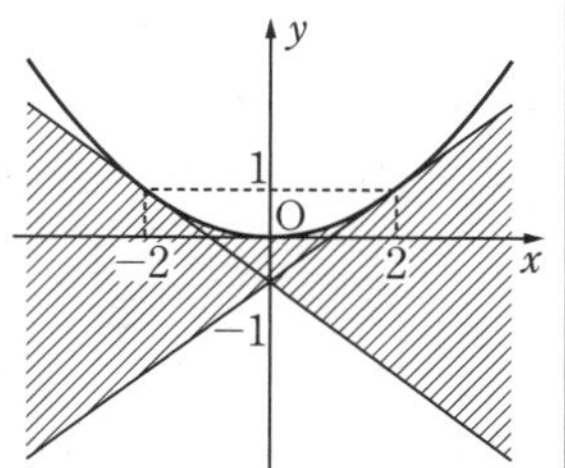

よって，求める領域は右図の斜線部分で，境界を含む。 答

Process

直線 l の式を t についての方程式とみる
↓
2次方程式の解の配置問題に帰着
↓
領域を求める

パラメータ t を含む直線の通過領域は
直線の式を t の方程式とみて，
実数解をもつ条件を考えよう！

56　領域と最大・最小　Lv. ★★★

問題は35ページ

考え方　(1) 真数条件や底の条件に気をつけて領域 D を求めよう。なお，境界となる図形が共有点をもつ場合は，その点の座標を明示すること。さらに，境界線上の点が D に含まれるかどうかも明示する必要がある。

(2) $y-ax=k$ とおいて，これを直線の方程式と捉えるところがポイント。直線 $y=ax+k$ が領域 D と共有点をもつような k の値の最大値を求めればよい。

解答

(1) 不等式を変形して

$$\log_3\left(\frac{x}{3}\right)^2 \leqq \log_3\frac{y}{3} \leqq \log_3\left\{\frac{x}{3}(2-x)\right\}$$

$$\therefore\quad \frac{x^2}{9} \leqq \frac{y}{3} \leqq \frac{x(2-x)}{3}$$

これと真数条件から

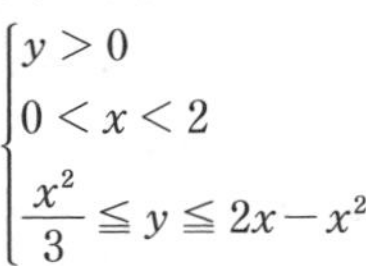

$$\begin{cases} y>0 \\ 0<x<2 \\ \dfrac{x^2}{3} \leqq y \leqq 2x-x^2 \end{cases}$$

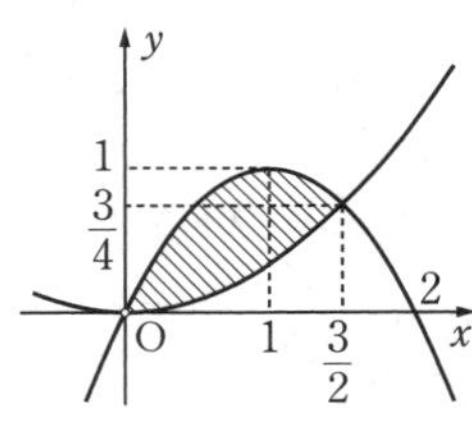

よって，領域 D は右図の斜線部分で，境界を含む。ただし，$\mathrm{O}(0,\ 0)$ は除く。 答

(2) $y-ax=k$ とおくと

$$y=ax+k \quad \cdots\cdots①$$

これは，傾き $a(<2)$，y 切片が k の直線を表す。

また，放物線 $y=f(x)=2x-x^2$ $\cdots\cdots②$

について，$f'(x)=2-2x$ から

$$f'(0)=2,\ f'\left(\frac{3}{2}\right)=-1$$

直線①が領域 D と共有点をもつという条件のもとで，k が最大になるのは

Process

求める式を文字でおき，直線の方程式と捉える

↓

y 切片 k が最大になるときを考える

$-1<a<2$ なら，放物線②に接するとき

$a \leqq -1$ なら，点 $\left(\dfrac{3}{2},\ \dfrac{3}{4}\right)$ を通るとき

である。

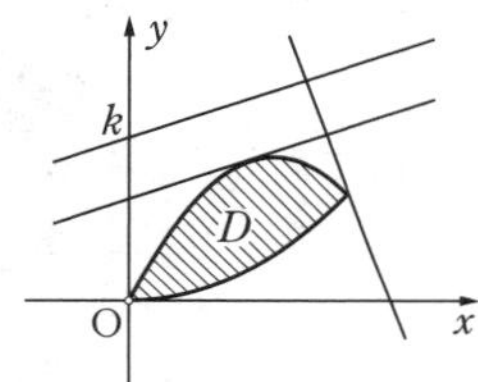

$f'(x)=2-2x=a$ を解いて

$$x=1-\frac{a}{2}$$

$$\therefore\quad y=f\left(1-\frac{a}{2}\right)=1-\frac{a^2}{4}$$

よって，求める最大値 $M(a)$ は

$$M(a)=\begin{cases}1-a+\dfrac{a^2}{4} & (-1<a<2)\\[2mm] \dfrac{3}{4}-\dfrac{3}{2}a & (a\leqq -1)\end{cases}$$ 答

領域の最大・最小問題は，求める式を文字でおき，その式が表す図形を考える！

第7章　微分・積分

57 接線・法線　Lv.★★★

問題は36ページ

考え方　（1）放物線 P の原点における接線が直線 l である。条件を，P の原点における接線の傾きが m であることと，P が原点を通ることに分けて考えよう。

解答

（1）$P: y=a(x-b)^2+c$ について $y'=2a(x-b)$ であり，放物線 P の原点における接線の傾きは m であるから

$m=2a(0-b)$　　$m=-2ab$ ……①

放物線 P は原点を通るから

$0=a(0-b)^2+c$　　$0=ab^2+c$ ……②

$m \neq 0$ より，$b \neq 0$ であるから，①より　$a=-\dfrac{m}{2b}$

これを②に代入すると

$c=-ab^2=\dfrac{bm}{2}$ 答

（2）（1）の結果より，放物線 P の方程式は

$y=-\dfrac{m}{2b}(x-b)^2+\dfrac{bm}{2}$ ……③

また，直線 l' の方程式は　$y=-\dfrac{1}{m}x$ ……④

③，④より，求める座標は

$\left(\dfrac{2b(m^2+1)}{m^2},\ -\dfrac{2b(m^2+1)}{m^3}\right)$ 答

Process

微分から傾きの条件を求める

↓

接点の座標から通る点の条件を求める

↓

2つの条件を連立する

核心はココ！

接する条件を考えるときは，条件を傾き（微分）と通る点（接点）に分けよ！

58 2本の接線のなす角 Lv.★★★

問題は36ページ

考え方 （1）直線 l と放物線 C の共有点の個数は，これらの式を連立して得られる2次方程式の実数解の個数と等しいことを用いて考えるとよい。
（2）接線の傾きが与えられているので，まず接点P，Qの座標を設定しよう。
（3）$\tan(\alpha-\beta)=\tan 135°$ より，k についての方程式を導くことができる。

解答

（1）直線 l の方程式は　$l: y=k(x-1)$

これと $C: y=\dfrac{x^2}{2}$ を連立して

$$\frac{x^2}{2}=k(x-1) \qquad x^2-2kx+2k=0 \quad \cdots\cdots ①$$

C と l が異なる2点で交わるためには，2次方程式①が異なる2つの実数解をもてばよく，判別式を D とすると

$$\frac{D}{4}=k^2-2k=k(k-2)>0$$

$\therefore$　$k<0$ または $2<k$ 答

（2）$y=\dfrac{x^2}{2}$ を微分すると $y'=x$ である。P，Qの x 座標をそれぞれ p，q（ただし，$p<q$）とすると，接線の傾きについて

$$p=\tan\alpha,\quad q=\tan\beta$$

$x=p$，q は①の解であるから，解と係数の関係より

$$\tan\alpha+\tan\beta=2k,\quad \tan\alpha\tan\beta=2k$$ 答

（3）$\angle PRQ=\alpha-\beta=135°$ であるから

$$\tan 135°=\tan(\alpha-\beta)=\frac{\tan\alpha-\tan\beta}{1+\tan\alpha\tan\beta}$$

$$-(1+\tan\alpha\tan\beta)=\tan\alpha-\tan\beta \quad \cdots\cdots ②$$

両辺を2乗すると

$$(1+\tan\alpha\tan\beta)^2=(\tan\alpha-\tan\beta)^2$$

$$(1+\tan\alpha\tan\beta)^2=(\tan\alpha+\tan\beta)^2-4\tan\alpha\tan\beta$$

ここで，（2）の結果を利用すると

$$(1+2k)^2=(2k)^2-4\cdot 2k \qquad \therefore \quad k=-\frac{1}{12}$$

このとき，①は　$x^2+\dfrac{1}{6}x-\dfrac{1}{6}=\left(x+\dfrac{1}{2}\right)\left(x-\dfrac{1}{3}\right)=0$

と変形され，$\tan\alpha$，$\tan\beta$ はこの解であるから

Process

直線の傾きから x 軸とのなす角を求める
↓
2直線のなす角をそれぞれが x 軸となす角を用いて表す
↓
tanの加法定理より条件を求める

$$\tan\alpha=-\frac{1}{2},\ \tan\beta=\frac{1}{3}$$

これらは②をみたす。したがって，求める k の値は

$$k=-\frac{1}{12}$$ 答

解説　(3)で十分性の確認をしたのは，方程式②の両辺を2乗することによって

$$(1+\tan\alpha\tan\beta)^2=(\tan\alpha-\tan\beta)^2 \iff \pm(1+\tan\alpha\tan\beta)=\tan\alpha-\tan\beta$$

となるからである。つまり，$k=-\frac{1}{12}$ が，方程式

$$1+\tan\alpha\tan\beta=\tan\alpha-\tan\beta$$

より得られた解である可能性もあるので，②の解であることを確認する必要がある。

別解　(3)は(2)で求めた $\tan\alpha$ と $\tan\beta$ の関係を利用して解くのが設問の流れから自然であるが，(2)がなければ，ベクトルの内積を用いた解法も有効である。

直線RPの方向ベクトルを $\vec{p}$，直線RQの方向ベクトルを $\vec{q}$ とする。$y=\frac{x^2}{2}$ を微分すると $y'=x$ であるから，2次方程式①の解を $x=p,\ q$（ただし，$p<q$）とすると直線 $m,\ n$ の傾きはそれぞれ $p,\ q$ であるから

$$\vec{p}=(1,\ p),\ \vec{q}=(1,\ q)$$

と表せる。$\angle\mathrm{PRQ}=135^\circ$ より

$$\cos 45^\circ=\frac{\vec{p}\cdot\vec{q}}{|\vec{p}||\vec{q}|}=\frac{1+pq}{\sqrt{p^2+1}\sqrt{q^2+1}}$$

$$\sqrt{p^2+1}\sqrt{q^2+1}=\sqrt{2}(pq+1) \quad \cdots\cdots③$$

P, C, Q, 135°, $\vec{q}$, R, $\vec{p}$, n, m

両辺を2乗すると

$$(p^2+1)(q^2+1)=2(pq+1)^2$$

$$(pq)^2+\{(p+q)^2-2pq\}+1=2(pq+1)^2$$

ここで，$p+q=2k,\ pq=2k$ であるから　$12k=-1$　$\therefore\ k=-\frac{1}{12}$

このとき，2次方程式①より $p=-\frac{1}{2},\ q=\frac{1}{3}$ であり，これらは③をみたす。

2直線のなす角は
tanの加法定理を用いて考えよ！

第30回

59 3次関数の極値 Lv.★★★

問題は37ページ

考え方 (2)(1)の条件のもとで，$f'(x)=0$ が $-1<x<1$ の範囲に異なる2つの実数解をもつ条件を考える。
(3) x_2，$f(x_2)$ の値を求めるためには，$f(x)$ が決定していなければならない。まずは，与えられた条件から，a，b の値をそれぞれ求めよう。

解答

(1) $f'(x)=3x^2+2x+a$

$y=f(x)$ が極大値と極小値をもつ条件は，$f'(x)=0$ が異なる2つの実数解をもつことである。よって，$f'(x)=0$ の判別式を D とおくと $\dfrac{D}{4}=1^2-3a>0$ ∴ $a<\dfrac{1}{3}$ 答

(2) $y=f(x)$ が $-1<x<1$ の範囲に極大値と極小値をもつ条件は，$f'(x)=0$ が $-1<x<1$ の範囲に異なる2つの実数解をもつことである。よって，(1)の条件のもとで

$-1<(y=f'(x)$ の軸$)<1$ かつ $f'(-1)>0$ かつ $f'(1)>0$

∴ $-1<-\dfrac{1}{3}<1$ かつ $a>-1$ かつ $a>-5$

これらと(1)の条件をあわせて $-1<a<\dfrac{1}{3}$ 答

(3) $x_1=-\dfrac{2}{3}$ で極値をとるので $f'\left(-\dfrac{2}{3}\right)=a=0$ 答

$f(x_1)=\dfrac{1}{3}$ より $f\left(-\dfrac{2}{3}\right)=\dfrac{4}{27}+b=\dfrac{1}{3}$ ∴ $b=\dfrac{5}{27}$ 答

したがって $f'(x)=3x^2+2x=x(3x+2)$

であり，右の増減表より

$x_2=0$ 答

$f(x_2)=f(0)$

$=\dfrac{5}{27}$ 答

x	$\cdots$	$-\dfrac{2}{3}$	$\cdots$	0	$\cdots$
$f'(x)$	$+$	0	$-$	0	$+$
$f(x)$	↗	極大	↘	極小	↗

Process

$f(x)$ が極大値，極小値をもつので，$f'(x)$ は異なる2つの実数解をもつ

↓

極値を与える x に対し $f'(x)=0$

核心はココ！

極値についての問題は $f'(x)$ を主役に考えよう

60 極値をとる点を通る直線 Lv.★★★

問題は37ページ

考え方 （1）$f(x)$ が極値をもつとき，$f'(x)=0$ は異なる 2 つの実数解をもつ。

（2）$m=\dfrac{f(p)-f(q)}{p-q}$ である。p，$q=\dfrac{-a\pm\sqrt{a^2-9a+18}}{3}$ であるが，これらをそのまま m の式に代入すると，計算が複雑になる。そこで，$f'(p)=0$，$f'(q)=0$ に着目し，$f(x)$ を $f'(x)$ で割ることで，値を代入する式の次数を下げてから代入しよう。

解答

（1）$f'(x)=3x^2+2ax+3a-6$

$f(x)$ が極値をもつ条件は，$f'(x)=0$ が異なる 2 つの実数解をもつことであるから，$f'(x)=0$ の判別式を D とおくと

$$\frac{D}{4}=a^2-3(3a-6)=(a-3)(a-6)>0$$

$\therefore\quad a<3,\ 6<a$ 答

（2）求める m の値は

$$m=\frac{f(p)-f(q)}{p-q} \quad\cdots\cdots①$$

と表せる。

ここで，$f(x)$ を $f'(x)$ で割ったときの商を $Q(x)$，余りを $R(x)$ とおくと

$$Q(x)=\frac{1}{3}x+\frac{1}{9}a$$

$$R(x)=\left(-\frac{2}{9}a^2+2a-4\right)x-\frac{1}{3}a^2+\frac{2}{3}a+5$$

であり

$$f(x)=Q(x)f'(x)+R(x)$$

と表せる。p，q は $f'(x)=0$ の解より

$$f'(p)=0,\ f'(q)=0$$

であるから　$f(p)=R(p),\ f(q)=R(q)$

したがって

$$f(p)-f(q)=R(p)-R(q)=\left(-\frac{2}{9}a^2+2a-4\right)(p-q)$$

よって，①より

$$m=\frac{\left(-\frac{2}{9}a^2+2a-4\right)(p-q)}{p-q}=-\frac{2}{9}a^2+2a-4$$ 答

Process

$f'(p)=0$，$f'(q)=0$ に注目して，$f(x)$ を $f'(x)$ で割る

↓

次数を下げた式に p，q を代入して計算する

＊別解　3次関数の極値の差 $f(p)-f(q)$ を計算するには，解と係数の関係を用いる方法も有効である。

$$f'(x)=3x^2+2ax+3a-6=0$$

の解が p，q であるから，解と係数の関係より

$$p+q=-\frac{2}{3}a,\quad pq=a-2$$

である。したがって

$$\begin{aligned}f(p)-f(q)&=(p^3-q^3)+a(p^2-q^2)+(3a-6)(p-q)\\&=(p-q)\{(p^2+pq+q^2)+a(p+q)+3a-6\}\\&=(p-q)\{(p+q)^2-pq+a(p+q)+3a-6\}\\&=(p-q)\left\{\left(-\frac{2}{3}a\right)^2-(a-2)+a\left(-\frac{2}{3}a\right)+3a-6\right\}\\&=(p-q)\left(-\frac{2}{9}a^2+2a-4\right)\end{aligned}$$

あとは，**解答**のように，これを m の式に代入して計算すればよい。

高次の式の値は次数下げで簡単に

61 解の存在条件と定義域　Lv.★★★

問題は38ページ

考え方　(2) 条件が基本対称式で表されているので，解と係数の関係を用いて，方程式の解の存在条件を考えることで，文字のとり得る値の範囲を求めよう。

解答

(1) $x+y+z=12$　および　$2(xy+yz+zx)=90$

が成り立つことより　$y+z=12-x$

このとき　$yz=45-x(y+z)=x^2-12x+45$ 答

(2) (1)より y, z は t の2次方程式

$$t^2-(12-x)t+x^2-12x+45=0 \quad \cdots\cdots(*)$$

の2つの解である。(*)が2つの正の解をもつための条件は

$$\begin{cases}(12-x)^2-4(x^2-12x+45)\geqq 0 & \cdots\cdots①\\ 12-x>0 & \cdots\cdots②\\ x^2-12x+45>0 & \cdots\cdots③\end{cases}$$

①より　$3(x-2)(x-6)\leqq 0$　$\therefore$　$2\leqq x\leqq 6$（②をみたす）

③は，(左辺)$=(x-6)^2+9\geqq 9$ より，つねに成り立つ。

よって，求める x の範囲は　$2\leqq x\leqq 6$ 答

(3) 直方体の体積を $f(x)$ とすると

$$f(x)=xyz=x^3-12x^2+45x$$

$$f'(x)=3x^2-24x+45=3(x-3)(x-5)$$

右の増減表より，$f(x)$ の最大値は

$54\ (x=3,\ 6)$

x	2	…	3	…	5	…	6
$f'(x)$		+	0	−	0	+	
V	50	↗	54	↘	50	↗	54

(*)に $x=3$ を代入して

$t^2-9t+18=0$　$(t-3)(t-6)=0$　$\therefore$　$t=3,\ 6$

$x=6$ を代入して　$(t-3)^2=0$　$t=3$（重解）

したがって，体積が最大である直方体は

$(x,\ y,\ z)=(3,\ 3,\ 6),\ (3,\ 6,\ 3),\ (6,\ 3,\ 3)$ 答

Process

基本対称式の組を求める
↓
2つの数を解にもつ2次方程式を求める
↓
2次方程式の解の存在条件を考える
↓
定義域を求める

対称式を見たら
方程式の実数解の存在条件を思い出せ！

62 方程式への応用 Lv.★★★

問題は38ページ

考え方 （1）α の値を求めることは難しいので，関数の値に着目しよう。
（2）曲線 $y=f(x)$ および $y=g(x)$ と x 軸との交点の位置関係をグラフから考えよう。
（3）（1）を利用する。$1<\alpha^2<4$ であるから，「4 または 1」と β^3 の大小を比較しよう。

解答

（1）$f'(x)=3x^2-2x-1=(3x+1)(x-1)$

よって，$f(x)$ は $x=-\dfrac{1}{3}$，1 で極値をとり

$$f\left(-\frac{1}{3}\right)\cdot f(1)=-\frac{22}{27}\cdot(-2)=\frac{44}{27}>0$$

であるから，$f(x)=0$ はただ 1 つの実数解 α をもつ。（証終）

さらに　$f(1)=-2<0$，$f(2)=1>0$

であるから，$y=f(x)$ のグラフは x 軸と $1<x<2$ の範囲で交点をもつ。したがって，$1<\alpha<2$ である。（証終）

（2）$f(\beta)=\beta^3-\beta^2-\beta-1$ ……………………………①

β は方程式 $g(x)=0$ の解であるから　$g(\beta)=\beta^2-\beta-1=0$

両辺に β をかけて　$\beta^3-\beta^2-\beta=0$ ……………………②

したがって，①より　$f(\beta)=\beta^3-\beta^2-\beta-1=-1$

よって，$y=f(x)$ および $y=g(x)$ のグラフと x 軸との交点の位置関係は右図のようになるから　$\beta<\alpha$ **答**

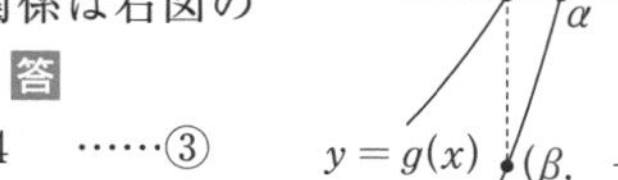

（3）（1）より，$1<\alpha^2<4$ ……③

また，$g(\beta)=0$ より $\beta^2=\beta+1$ であるから，②より　$\beta^3=\beta^2+\beta=(\beta+1)+\beta=2\beta+1$

β は $g(x)=0$ の正の解より $\beta=\dfrac{1+\sqrt{5}}{2}$ であるから

$$\beta^3=2\beta+1=2+\sqrt{5}>4$$

これと③より　$\alpha^2<\beta^3$ **答**

Process

値を評価したい式を 2 つの関数に代入した値を求める
↓
関数の単調性から大小を比較する

2 つの値の大小を比較するときにも関数の単調性が利用できる！

63 3次関数のグラフと直線の交点の個数 Lv.★★★

問題は39ページ

考え方 (2) (1)のグラフを用いよう。直線 $y=mx$ の傾きを変化させて，どのようなときに $y=mx$ と $y=f(x)$ が相異なる3点で交わるかを考えよう。

解答

(1) $f(x)=2x^3+x^2-3$ より

$$f'(x)=6x^2+2x=2x(3x+1)$$

よって，$f(x)$ の増減表は下表のようになる。 答

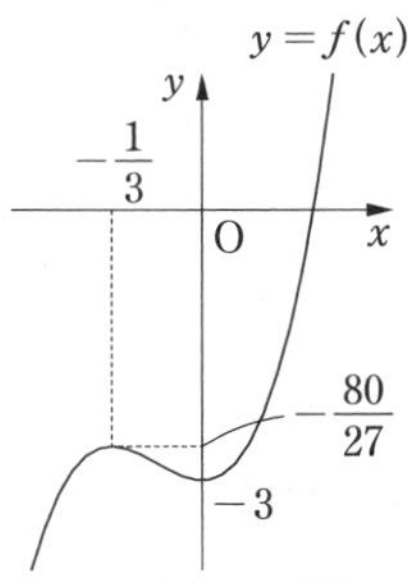

x	$\cdots$	$-\frac{1}{3}$	$\cdots$	0	$\cdots$
$f'(x)$	$+$	0	$-$	0	$+$
$f(x)$	↗	$-\frac{80}{27}$	↘	-3	↗

したがって，$y=f(x)$ のグラフは右上図のようになる。 答

(2) 直線 $y=mx$ が曲線 $y=f(x)$ に接するときよりも傾きが大きければ，直線と曲線は3点で交わる。

$y=g(x)=mx$ とおく。$y=f(x)$ と $y=g(x)$ が接する条件は，接点の x 座標を t とすると

$$\begin{cases} f(t)=g(t) \\ f'(t)=g'(t) \end{cases}$$

である。したがって

$$\begin{cases} 2t^3+t^2-3=mt \\ 6t^2+2t=m \end{cases}$$

m を消去して

$$2t^3+t^2-3=(6t^2+2t)t$$

$$4t^3+t^2+3=0$$

$$(t+1)(4t^2-3t+3)=0$$

$4t^2-3t+3=4\left(t-\frac{3}{8}\right)^2+\frac{39}{16}>0$ であるから

$$t=-1$$

このとき，$m=4$ であるから，求める m の範囲は

$m>4$ 答

Process

$y=f(x)$ のグラフをかく

↓

直線と曲線が3点で交わる条件を視覚的に捉える

↓

直線と曲線が接する条件を求める

↓

直線と曲線が3点で交わる条件を求める

解説　曲線 $y=f(x)$ と直線 $y=mx$ の共有点の x 座標は3次方程式 $f(x)-mx=0$ の解である。そこで，$h(x)=f(x)-mx$ とおいて

「3次方程式 $h(x)=0$ が異なる3つの実数解をもつ条件を考える」

という方針で考えてみよう。

このとき，$h(x)$ が極大値と極小値をもち，かつ，極値をもつ x の値 α，β に対して $h(\alpha)\cdot h(\beta)<0$ が成り立つ条件を考えればよい。しかし，α，β の値はともに無理数であり，$h(\alpha)\cdot h(\beta)$ の計算が煩雑になることが想像できるだろう。

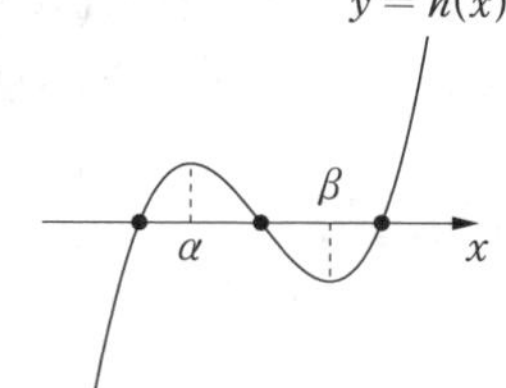

本問の場合は，方程式の解の個数に帰着させて考える方針は得策ではなく，**解答**のように，曲線 $y=f(x)$ と直線 $y=mx$ を分けて考えて，図形的に考察する方がよい。

別解　$y=mx$ は原点を通る直線であるから，直線 $y=mx$ が曲線 $y=f(x)$ と接するとき，その直線は

「曲線 $y=f(x)$ の接線のうち原点を通るもの」

である。これを求める方針でもよい。

$y=f(x)$ のグラフ上の点 $(t,\ f(t))$ における接線の方程式は

$$y-(2t^3+t^2-3)=(6t^2+2t)(x-t)$$

$$\therefore\quad y=(6t^2+2t)x-4t^3-t^2-3 \quad\cdots\cdots①$$

これが原点を通るとき

$$0=-4t^3-t^2-3$$

$$(t+1)(4t^2-3t+3)=0$$

$4t^2-3t+3=4\left(t-\dfrac{3}{8}\right)^2+\dfrac{39}{16}>0$ であるから

$$t=-1$$

したがって，$y=f(x)$ のグラフの接線のうち原点を通るものの方程式は，①より

$$y=4x$$

であるから，求める m の範囲は

$$m>4$$

方程式の解は交点の x 座標。
グラフをかいて解を視覚化しよう

64　不等式への応用　Lv. ★★★

問題は39ページ

考え方　本問のような，ある区間で常に成り立つ不等式の証明では，その区間における最大値や最小値について考える方針が有効である。“$0 \leqq x \leqq 1$ において，$f(x) \geqq 0$ となる”を，“$0 \leqq x \leqq 1$ における $f(x)$ の最小値が 0 以上となる”と読み替えよう。

解答

$$f'(x)=3x^2-3a=3(x^2-a)$$

であるから，$f(x)$ の $0 \leqq x \leqq 1$ における最小値を $m(a)$ として，$m(a) \geqq 0$

（Ⅰ）$a \leqq 0$ のとき

$f'(x) \geqq 0$ より，$y=f(x)$ は増加関数であるから　$m(a)=f(0)=a$

よって，$m(a) \geqq 0$ をみたす a の値は　$a=0$　………①

（Ⅱ）$a>0$ のとき　$f'(x)=3(x+\sqrt{a})(x-\sqrt{a})$

（ⅰ）$0<\sqrt{a} \leqq 1$ すなわち $0<a \leqq 1$ のとき，$f(x)$ の増減表は右上表のようになるから

x	0	$\cdots$	$\sqrt{a}$	$\cdots$	1
$f'(x)$		$-$	0	$+$	
$f(x)$		↘	極小	↗	

$$m(a)=f(\sqrt{a})=-2a\sqrt{a}+a$$

したがって，$a>0$ より $m(a) \geqq 0$ をみたす a の範囲は

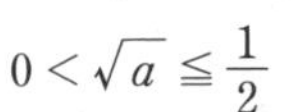

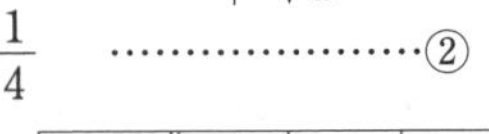

$$0<\sqrt{a} \leqq \frac{1}{2} \qquad \therefore \quad 0<a \leqq \frac{1}{4} \quad \cdots\cdots ②$$

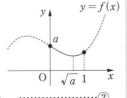

（ⅱ）$1<\sqrt{a}$ すなわち $a>1$ のとき，$f(x)$ の増減表は右表のようになるから

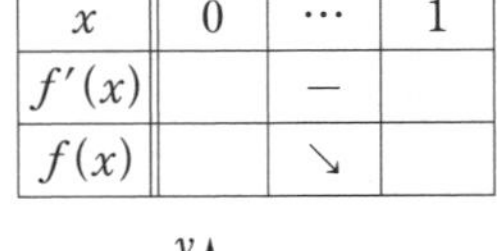

x	0	$\cdots$	1
$f'(x)$		$-$	
$f(x)$		↘	

$$m(a)=f(1)=1-2a$$

したがって，$m(a) \geqq 0$ をみたす a の範囲は

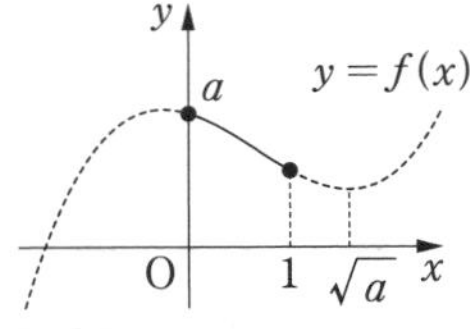

$$1-2a \geqq 0 \qquad \therefore \quad a \leqq \frac{1}{2}$$

$a>1$ であるからこれは不適。

①，②より，求める a の範囲は　$0 \leqq a \leqq \dfrac{1}{4}$　**答**

Process

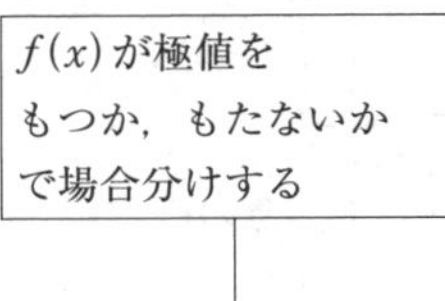

$f(x)$ が極値をもつか，もたないかで場合分けする

↓

$f(x)$ の極値が定義域内に存在するか，しないかで場合分けする

別解 Ⓐ **解答**では場合分けをして考えたが，端点の値に着目すれば a の範囲が狭まるので，場合分けをしなくて済む。

$f(x)=x^3-3ax+a$ について，$0\leqq x\leqq 1$ で $f(x)\geqq 0$ となるためには

$f(0)\geqq 0$ かつ $f(1)\geqq 0$

となることが必要であるから

$a\geqq 0$ かつ $1-3a+a\geqq 0$ $\therefore$ $0\leqq a\leqq \dfrac{1}{2}$ …③

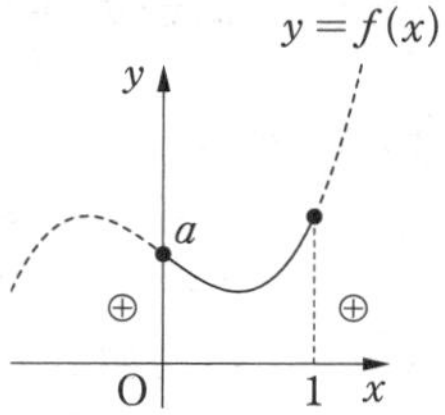

このとき $f'(x)=3x^2-3a=3(x+\sqrt{a})(x-\sqrt{a})$

より，$a\neq 0$ のときの増減表は右下表のようになる。

したがって，$a=0$ のときも含めて，$f(\sqrt{a})\geqq 0$ であればよく

$f(\sqrt{a})=-2a\sqrt{a}+a\geqq 0$

$\therefore$ $0\leqq a\leqq \dfrac{1}{4}$ ……………………………④

x	0	…	$\sqrt{a}$	…	1
$f'(x)$		$-$	0	$+$	
$f(x)$		↘	極小	↗	

③，④より，求める a の範囲は $0\leqq a\leqq \dfrac{1}{4}$

Ⓑ 直線を分離して考える方針も有効である。$f(x)\geqq 0$ を変形すると $x^3\geqq a(3x-1)$ であるから，$0\leqq x\leqq 1$ において，直線 $y=a(3x-1)$ が曲線 $y=x^3$ の下側にあればよい。

$g(x)=x^3$，$h(x)=a(3x-1)$ とおく。曲線 $y=g(x)$ と直線 $y=h(x)$ が接する条件は，接点の x 座標を t とおくと

$$\begin{cases} g(t)=h(t) \\ g'(t)=h'(t) \end{cases} \quad \therefore \quad \begin{cases} t^3=a(3t-1) \\ 3t^2=3a \end{cases}$$

a を消去して $t^3=t^2(3t-1)$ $\therefore$ $t=0,\ \dfrac{1}{2}$

このとき，直線 $y=h(x)$ の傾きは，$3a=0,\ \dfrac{3}{4}$ であり，また，直線 $y=a(3x-1)$ は，a の値に関わらず定点 $\left(\dfrac{1}{3},\ 0\right)$ を通るので，右上図より

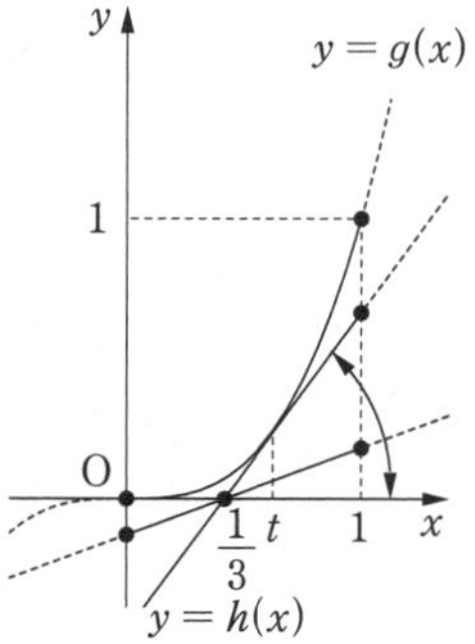

$0\leqq 3a\leqq \dfrac{3}{4}$ $\therefore$ $0\leqq a\leqq \dfrac{1}{4}$

ある区間で常に成り立つ不等式の証明は
最大・最小問題として処理せよ！

65 3次関数のグラフと接線が囲む部分の面積 Lv.★★★

問題は40ページ

考え方 (2) まず，接点Rのx座標をtとして，Rにおける接線の方程式をtを用いて表そう。それが点P(2, 0)を通ることから，tの値を求めればよい。

解答

(1) $C: y=x^3-4x$ ……①

より　$y'=3x^2-4$

曲線C上の点P(2, 0)における接線の方程式は

$y=8(x-2)$ ……②

①と②を連立させて　$x^3-4x=8(x-2)$

$x^3-12x+16=0$

$(x-2)^2(x+4)=0$　∴　$x=2$ (重解), -4

よって，求める点Qのx座標は　-4 答

(2) 点R(t, t^3-4t) (ただし$t \neq 2$) とする。点Rにおける曲線Cの接線の方程式は

$y-(t^3-4t)=(3t^2-4)(x-t)$

これが点P(2, 0)を通るとき

$0-(t^3-4t)=(3t^2-4)(2-t)$

∴　$(t-2)^2(t+1)=0$

$t \neq 2$であるから，点Rのx座標は　-1 答

(3) (2)より，直線PR：$y=-x+2$

よって，求める面積Sは右図の斜線部分であるから

$$S=\int_{-1}^{2}\{-x+2-(x^3-4x)\}dx$$

$$=\left[-\frac{x^4}{4}+\frac{3}{2}x^2+2x\right]_{-1}^{2}$$

$$=6-\left(-\frac{3}{4}\right)=\frac{27}{4}$$ 答

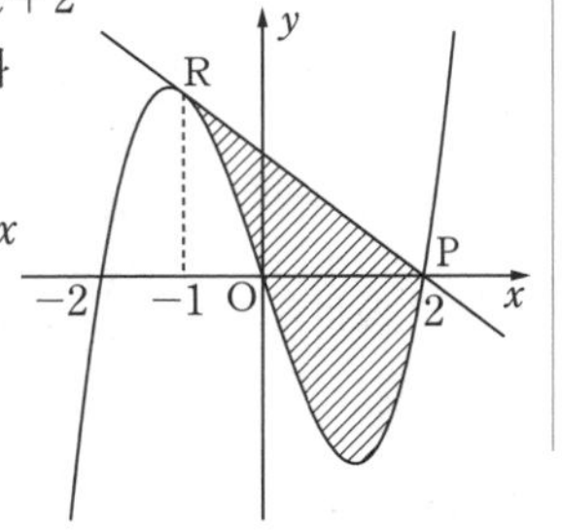

Process

接点の座標を文字でおき，接線の方程式を立式する
↓
接線の方程式に通る点の座標を代入する
↓
接点の座標を求める

核心はココ！

接線の方程式を求めるときは
まず接点の座標を設定せよ！

66 面積の一定と軌跡 Lv.★★★

問題は40ページ

考え方 点Pの座標は$(a,\ b)$と与えられているので，図形の面積をa，bの式で表せばよい。なお，$b<a^2$は点PがΓの下側にある，すなわち接線が2本引ける条件である。

解答

$\Gamma: y=x^2$ より　$y'=2x$

Γ上の点$(t,\ t^2)$における接線の方程式は

$y-t^2=2t(x-t)$　すなわち　$y=2tx-t^2$　……$(*)$

と表される。点Aのx座標をα，点Bのx座標を$\beta(\alpha<\beta)$とすると，点A，Bにおける接線の方程式はそれぞれ

$y=2\alpha x-\alpha^2$，$y=2\beta x-\beta^2$

これらを連立して解くと　$x=\dfrac{\alpha+\beta}{2}$

これがPのx座標aであるから，問題の図形の面積Sは

$$\begin{aligned}S&=\int_\alpha^a\{x^2-(2\alpha x-\alpha^2)\}dx+\int_a^\beta\{x^2-(2\beta x-\beta^2)\}dx\\&=\int_\alpha^a(x-\alpha)^2dx+\int_a^\beta(x-\beta)^2dx\\&=\left[\frac{(x-\alpha)^3}{3}\right]_\alpha^a+\left[\frac{(x-\beta)^3}{3}\right]_a^\beta\\&=\frac{(\beta-\alpha)^3}{24}\times 2=\frac{(\beta-\alpha)^3}{12}\end{aligned}$$

よって，$S=\dfrac{2}{3}$となるための条件は

$(\beta-\alpha)^3=8$　すなわち　$\beta-\alpha=2$

α，βは$(*)$つまり$t^2-2at+b=0$の2つの解であるから

$\alpha=a-\sqrt{a^2-b}$，$\beta=a+\sqrt{a^2-b}$

よって　$\beta-\alpha=2\sqrt{a^2-b}=2$　$\therefore$　$a^2-b=1$

したがって，求める点Pの軌跡は**放物線$y=x^2-1$** 答

Process

接点の座標を文字でおく
↓
接線の交点を求める
↓
面積の式を立式する

積分で面積を求めるときは
積分区間の変わり目に注意せよ！

67 放物線と接線が囲む部分の面積① Lv.★★★

問題は41ページ

考え方 （2）2つの放物線の共通接線を求めるためには

それぞれの放物線上に接点を設定して接線の方程式を求め，それらが一致すると考えればよい。

（3）被積分関数が区間によって変わることに注意して計算すればよい。放物線とその接線が囲む部分の面積は，被積分関数が$(\quad)^2$の形に因数分解されることに注目して計算するとラクである。

解答

（1）$f_1(x) \geqq f_2(x)$となるのは

$$-x^2+8x-9 \geqq -x^2+2x+3 \quad \therefore \quad x \geqq 2$$

のときであるから

$$F(x)=\begin{cases} f_1(x)=-(x-4)^2+7 & (x \geqq 2 \text{のとき}) \\ f_2(x)=-(x-1)^2+4 & (x<2 \text{のとき}) \end{cases}$$

したがって，$y=F(x)$のグラフは右図の実線部分のようになる。 答

（2）放物線$y=f_1(x)$上の点$(s,\ f_1(s))$における接線の方程式は

$$y-f_1(s)=f_1{}'(s)(x-s)$$

$$\therefore \quad y=-2(s-4)x+s^2-9$$

放物線$y=f_2(x)$上の点$(t,\ f_2(t))$における接線の方程式は

$$y-f_2(t)=f_2{}'(t)(x-t)$$

$$\therefore \quad y=-2(t-1)x+t^2+3$$

これらが一致するとき

$$\begin{cases} -2(s-4)=-2(t-1) \\ s^2-9=t^2+3 \end{cases}$$

$$\therefore \quad s=\frac{7}{2},\ t=\frac{1}{2}$$

したがって，求める接線lの方程式は

$$l : y=x+\frac{13}{4}$$ 答

Process

一方の放物線の接線を求める

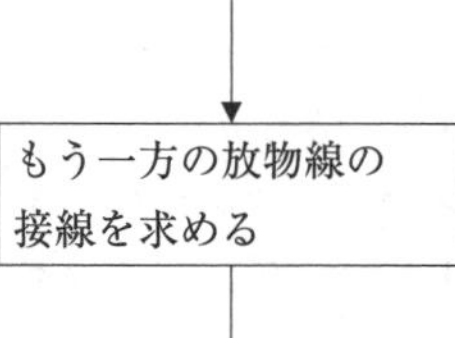

もう一方の放物線の接線を求める

2つの接線の方程式の係数を比較する

（3）（2）より，放物線 $y=f_1(x)$，$y=f_2(x)$ と接線 l の接点の x 座標はそれぞれ

$$x=\frac{7}{2},\ x=\frac{1}{2}$$

したがって，求める面積は

$$\int_{\frac{1}{2}}^{2}\left\{\left(x+\frac{13}{4}\right)-f_2(x)\right\}dx+\int_{2}^{\frac{7}{2}}\left\{\left(x+\frac{13}{4}\right)-f_1(x)\right\}dx$$

$$=\int_{\frac{1}{2}}^{2}\left(x-\frac{1}{2}\right)^2dx+\int_{2}^{\frac{7}{2}}\left(x-\frac{7}{2}\right)^2dx$$

$$=\left[\frac{1}{3}\left(x-\frac{1}{2}\right)^3\right]_{\frac{1}{2}}^{2}+\left[\frac{1}{3}\left(x-\frac{7}{2}\right)^3\right]_{2}^{\frac{7}{2}}$$

$$=\frac{9}{8}+\frac{9}{8}=\frac{9}{4}$$ **答**

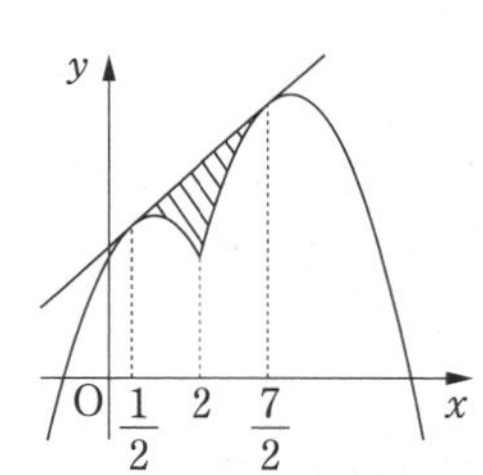

＊別解　2つの放物線の共通接線を求める際には，2次方程式の重解条件を用いてもよい。

求める接線 l の方程式を $y=ax+b$ とおく。l は $y=f_1(x)$，$y=f_2(x)$ のグラフとそれぞれ接するから，2次方程式

$$f_1(x)=ax+b \iff x^2+(a-8)x+b+9=0$$

$$f_2(x)=ax+b \iff x^2+(a-2)x+b-3=0$$

はそれぞれ重解をもつ。したがって

$$(a-8)^2-4(b+9)=0 \quad かつ \quad (a-2)^2-4(b-3)=0$$

$$\therefore \quad a=1,\ b=\frac{13}{4}$$

したがって，求める接線 l の方程式は

$$l : y=x+\frac{13}{4}$$

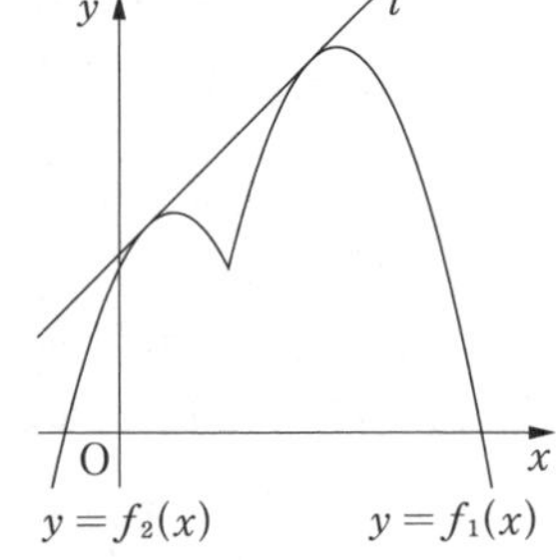

共通接線の問題では

『2 つの曲線の接線が一致する』と考えよ！

68　放物線と接線が囲む部分の面積②　Lv. ★★★

問題は41ページ

考え方　（1）2直線が直交する条件は「(傾きの積)＝-1」である。この条件のもとで，L_t と L_s の交点の y 座標を s と t を用いずに表すことができればよい。
（2）放物線と直線が接する条件であるから，判別式の利用が考えられる。
（3）放物線と2つの直線 L_t，L_{t+2} が囲む部分の面積を t を用いずに表すことができればよい。

解答

（1）$L_t : y=(2t-3)x-t^2$，$L_s : y=(2s-3)x-s^2$
であるから，直線 L_t と L_s が直交するとき

$$(2t-3)(2s-3)=-1$$

$$\therefore\quad 2ts-3t-3s=-5 \quad\cdots\cdots①$$

また，直線 L_t と L_s の交点の x 座標は

$$(2t-3)x-t^2=(2s-3)x-s^2$$

$$2(t-s)x=t^2-s^2 \qquad \therefore\quad x=\frac{t+s}{2}$$

であるから，直線 L_t と L_s の交点の y 座標は

$$y=(2t-3)\cdot\frac{t+s}{2}-t^2=\frac{1}{2}(2ts-3t-3s)=-\frac{5}{2}\quad (\because\ ①)$$

したがって，直線 L_t と L_s の交点の y 座標は，t と s の値によらない定数である。　（証終）

（2）放物線 $y=ax^2+bx+c$ と直線 L_t がすべての t において接する条件は，2次方程式

$$ax^2+bx+c=(2t-3)x-t^2$$

$$ax^2+(b-2t+3)x+c+t^2=0 \quad\cdots\cdots②$$

が t の値によらず重解をもつことである。②の判別式を D とすると

$$D=(b-2t+3)^2-4a(c+t^2)=0$$

$$\therefore\quad 4(1-a)t^2-4(b+3)t+(b+3)^2-4ac=0$$

これが任意の t に対して成り立つ条件は

$$\begin{cases}4(1-a)=0\\-4(b+3)=0\\(b+3)^2-4ac=0\end{cases}\quad\therefore\quad\begin{cases}a=1\\b=-3\\c=0\end{cases}$$ **答**

（3）（2）で求めた放物線：$y=x^2-3x$　$\cdots\cdots③$
直線 $L_t : y=(2t-3)x-t^2$　$\cdots\cdots④$
直線 $L_{t+2} : y=\{2(t+2)-3\}x-(t+2)^2$　$\cdots\cdots⑤$

Process

接線の方程式を求める

が囲む部分の面積を求めればよい。

③と④の接点の x 座標は

$$x^2-3x=(2t-3)x-t^2 \qquad \therefore \quad x=t$$

よって，③と⑤の接点の x 座標は　$x=t+2$

また，④と⑤の交点の x 座標は　$x=\dfrac{t+(t+2)}{2}=t+1$

したがって，求める面積は

$$\int_t^{t+1}[(x^2-3x)-\{(2t-3)x-t^2\}]dx$$

$$+\int_{t+1}^{t+2}\Big[(x^2-3x)-[\{2(t+2)-3\}x-(t+2)^2]\Big]dx$$

$$=\int_t^{t+1}(x-t)^2dx+\int_{t+1}^{t+2}\{x-(t+2)\}^2dx$$

$$=\left[\frac{(x-t)^3}{3}\right]_t^{t+1}+\left[\frac{\{x-(t+2)\}^3}{3}\right]_{t+1}^{t+2}$$

$$=\frac{1}{3}+\frac{1}{3}=\frac{2}{3}$$

であるから，t の値によらない定数である。　(証終)

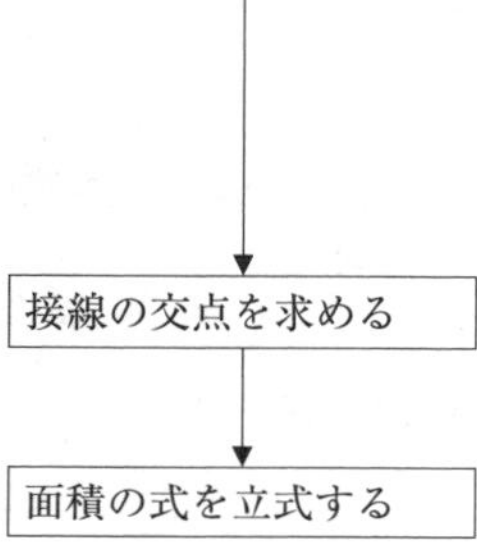

別解　(2)は直線 L_t の通過領域を求めてもよい。

④を t について整理すると　$t^2-2xt+3x+y=0$

この t についての2次方程式が実数解をもつ条件は

$$x^2-(3x+y)\geqq 0 \qquad \therefore \quad y\leqq x^2-3x$$

ここで，直線 L_t と放物線 $y=x^2-3x$ の共有点の x 座標を求めると

$$(2t-3)x-t^2=x^2-3x \qquad \therefore \quad x=t\ (\text{重解})$$

したがって，直線 L_t は放物線 $y=x^2-3x$ と，x 座標が t である点で接するから

$$a=1,\ b=-3,\ c=0$$

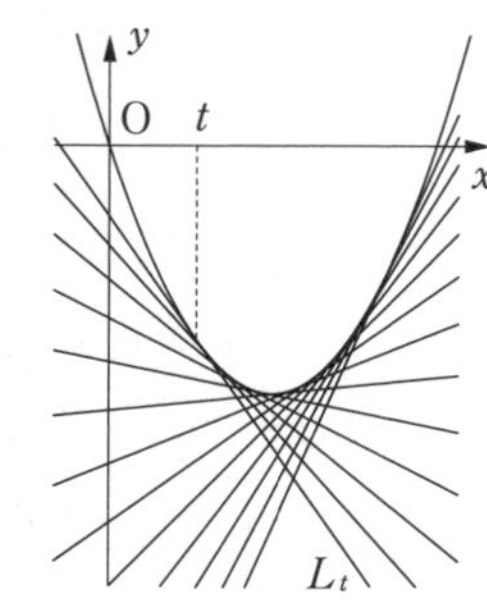

曲線とその接線が囲む部分の面積は
因数分解された形を使って計算！

69　絶対値のついた関数の定積分　Lv.★★★

問題は42ページ

考え方　被積分関数には絶対値がついているので，このままでは積分計算ができない。そこで，まずは絶対値をはずそう。その後の計算では，式を置き換えると計算の見通しがよくなる。

解答

(1) $f(t)=t^2-3t+2$，$F(t)=\dfrac{1}{3}t^3-\dfrac{3}{2}t^2+2t$ とおく。

(i) $0\leqq x\leqq 1$ のとき

$$\begin{aligned}S(x)&=\int_x^1 f(t)dt+\int_1^2\{-f(t)\}dt+\int_2^{x+2}f(t)dt\\&=\Big[F(t)\Big]_x^1-\Big[F(t)\Big]_1^2+\Big[F(t)\Big]_2^{x+2}\\&=F(x+2)-F(x)+2F(1)-2F(2)\\&=2x^2-2x+1\end{aligned}$$

(ii) $1<x\leqq 2$ のとき

$$\begin{aligned}S(x)&=\int_x^2\{-f(t)\}dt+\int_2^{x+2}f(t)dt\\&=-\Big[F(t)\Big]_x^2+\Big[F(t)\Big]_2^{x+2}\\&=F(x)+F(x+2)-2F(2)\\&=\frac{2}{3}x^3-x^2+2x-\frac{2}{3}\end{aligned}$$

(iii) $2<x$ のとき

$$\begin{aligned}S(x)&=\int_x^{x+2}f(t)dt=\Big[F(t)\Big]_x^{x+2}\\&=F(x+2)-F(x)\\&=2x^2-2x+\frac{2}{3}\end{aligned}$$

(i)～(iii)より

$$S(x)=\begin{cases}2x^2-2x+1 & (0\leqq x\leqq 1\text{ のとき})\\ \dfrac{2}{3}x^3-x^2+2x-\dfrac{2}{3} & (1<x\leqq 2\text{ のとき})\\ 2x^2-2x+\dfrac{2}{3} & (2<x\text{ のとき})\end{cases}$$ 答

(2) (1)の結果より

(i) $0\leqq x\leqq 1$ のとき　$S(x)=2\left(x-\dfrac{1}{2}\right)^2+\dfrac{1}{2}$

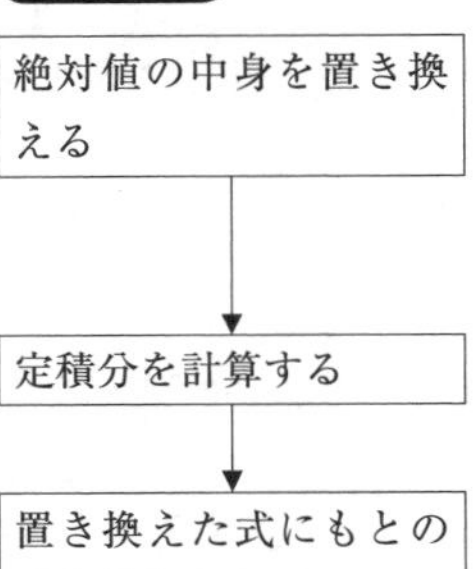
Process
絶対値の中身を置き換える
定積分を計算する
置き換えた式にもとの式を代入する

（ⅱ）$1 < x \leqq 2$ のとき

$$S'(x) = 2x^2 - 2x + 2 = 2\left(x - \frac{1}{2}\right)^2 + \frac{3}{2} > 0$$

したがって，$S(x)$ は増加関数である。

（ⅲ）$2 < x$ のとき

$$S(x) = 2\left(x - \frac{1}{2}\right)^2 + \frac{1}{6}$$

（ⅰ）〜（ⅲ）より，$y = S(x)$ のグラフは

右図の実線部分のようになる。 答

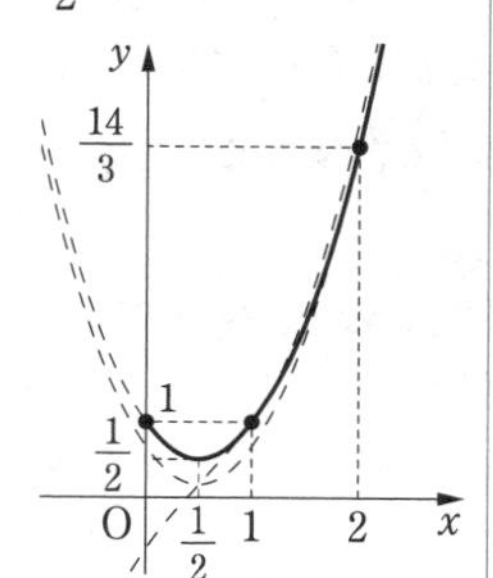

✽別解　（1）の積分計算について，図形的に考えてみよう。

たとえば，（ⅲ）の場合の定積分が表しているのは，右下図の斜線部分の面積であり，これは

（太線部分の台形の面積）－（網掛け部分の面積）

と表せる。

台形の面積は，右図の点 A，B の座標がそれぞれ

$A(x,\ x^2 - 3x + 2)$，$B(x+2,\ x^2 + x)$

であるから

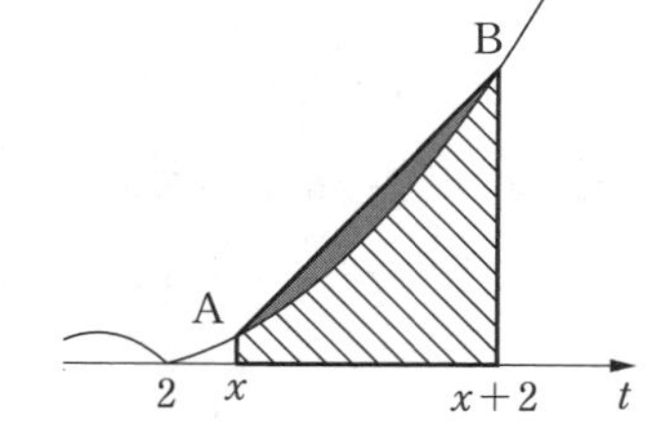

$$(\text{台形の面積}) = \frac{1}{2} \times \{(x^2 - 3x + 2) + (x^2 + x)\} \times 2$$
$$= 2x^2 - 2x + 2$$

また，網掛け部分の面積は

$$-\int_x^{x+2} (t - x)\{t - (x+2)\}\,dt = \frac{\{(x+2) - x\}^3}{6} = \frac{4}{3}$$

したがって，斜線部分の面積は　$2x^2 - 2x + 2 - \dfrac{4}{3} = 2x^2 - 2x + \dfrac{2}{3}$

絶対値の積分は

置き換えを使ってラクに計算！

70　2つの放物線が囲む部分の面積　Lv. ★★★

問題は42ページ

考え方　（1）まず，A と B の共通部分を正確に捉えよう。2 つの放物線の交点の x 座標と 1 との大小関係によって面積を求める際の積分区間が変わってくるので，場合分けをして考える必要がある。面積を計算するときは，公式 $\int_{\alpha}^{\beta}(x-\alpha)(x-\beta)dx=-\frac{1}{6}(\beta-\alpha)^3$ を用いて計算量を減らそう。

（2）$S(t)$ は，t の範囲によって異なる式で表される。そこで，それぞれの範囲において増減を調べ，最大値を求めてみよう。

解答

（1）放物線 $y=x^2$ と $y=4(x-t)^2$ の交点の x 座標は

$$x^2=4(x-t)^2$$

$$\{2(x-t)+x\}\{2(x-t)-x\}=0$$

$$(3x-2t)(x-2t)=0$$

より　$x=\frac{2}{3}t,\ 2t$

（i）$2t\leqq 1$ のとき，$0\leqq t\leqq\frac{1}{2}$ より，

$S(t)$ は右図の斜線部分の面積であり

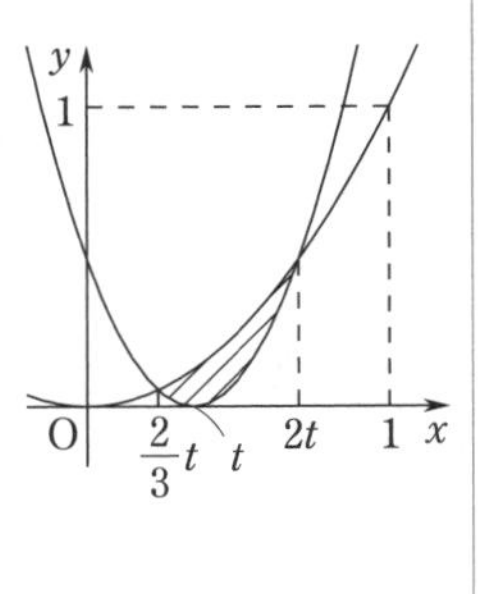

$$S(t)=\int_{\frac{2}{3}t}^{2t}\{x^2-4(x-t)^2\}dx$$

$$=-3\int_{\frac{2}{3}t}^{2t}\left(x-\frac{2}{3}t\right)(x-2t)dx$$

$$=-3\cdot\left(-\frac{1}{6}\right)\cdot\left(2t-\frac{2}{3}t\right)^3$$

$$=\frac{32}{27}t^3$$

Process

グラフをかいて面積を求める部分を捉える
↓
面積を求める

（ii）$1<2t$ のとき，$\frac{1}{2}<t\leqq 1$ より，

$S(t)$ は右図の斜線部分の面積であり

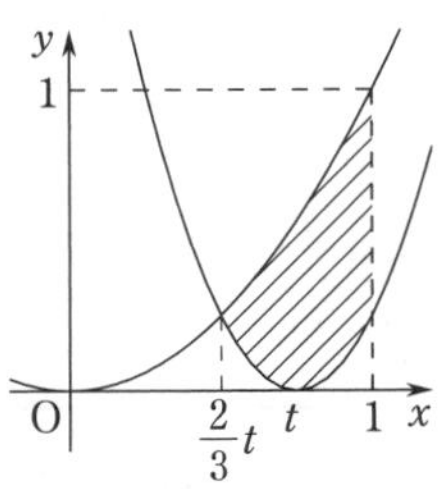

$$S(t)=\int_{\frac{2}{3}t}^{1}\{x^2-4(x-t)^2\}dx$$

$$=\int_{\frac{2}{3}t}^{1}(-3x^2+8tx-4t^2)dx$$

$$=\Big[-x^3+4tx^2-4t^2x\Big]_{\frac{2}{3}t}^{1}$$

$$=(-1+4t-4t^2)-\left(-\frac{8}{27}t^3+4t\cdot\frac{4}{9}t^2-4t^2\cdot\frac{2}{3}t\right)$$

グラフをかいて面積を求める部分を捉える
↓
面積を求める

$$=\frac{32}{27}t^3-4t^2+4t-1$$

(ⅰ)，(ⅱ)より

$$S(t)=\begin{cases}\dfrac{32}{27}t^3 & \left(0\leqq t\leqq\dfrac{1}{2}\right)\\ \dfrac{32}{27}t^3-4t^2+4t-1 & \left(\dfrac{1}{2}<t\leqq 1\right)\end{cases}$$ 答

(**2**) $0\leqq t\leqq\dfrac{1}{2}$ のとき，$S(t)=\dfrac{32}{27}t^3$ は単調に増加する。

$\dfrac{1}{2}<t\leqq 1$ のとき

$$S(t)=\frac{32}{27}t^3-4t^2+4t-1$$

$$S'(t)=\frac{32}{9}t^2-8t+4=\frac{4}{9}(2t-3)(4t-3)$$

より，$S(t)$ の増減は次表のようになる。

t	$\frac{1}{2}$	$\cdots$	$\frac{3}{4}$	$\cdots$	1
$S'(t)$		$+$	0	$-$	
$S(t)$		↗		↘	

よって，$0\leqq t\leqq 1$ において，$S(t)$ は $t=\dfrac{3}{4}$ のとき**最大値**

$$S\left(\frac{3}{4}\right)=\frac{32}{27}\cdot\frac{27}{64}-4\cdot\frac{9}{16}+4\cdot\frac{3}{4}-1$$

$$=\frac{1}{4}$$ 答

をとる。

2つの放物線が囲む部分の面積は
公式を使ってラクに計算しよう

71 関数が存在しない条件 Lv.★★★

問題は43ページ

考え方 （1）$u(x)$が存在するとして，等式を変形してみよう。$\int_0^1 tu(t)dt$，$\int_0^1 u(t)dt$は定数であることがポイント。これらを文字で置き直すと，式が見やすくなる。

（2）$u(x)$が存在しない条件を求めるが，$u(x)$が存在するとして考えるとよい。$\int_0^1 tu(t)dt$，$\int_0^1 u(t)dt$を求める過程で，$u(x)$が存在しない条件が見えてくる。

解答

（1）与えられた等式は

$$u(x)=x^2+px\int_0^1 tu(t)dt+p\int_0^1 u(t)dt$$

のように変形される。このような関数$u(x)$が存在すれば，$\int_0^1 tu(t)dt$，$\int_0^1 u(t)dt$は定数であるから，これらをそれぞれa，bとおいて

$$u(x)=x^2+apx+bp$$

と表される。よって，$u(x)$は2次関数である。（証終）

（2）（1）より，$u(x)$が存在するとき

$$a=\int_0^1(t^3+apt^2+bpt)dt$$

$$=\left[\frac{1}{4}t^4+\frac{1}{3}apt^3+\frac{1}{2}bpt^2\right]_0^1=\frac{1}{4}+\frac{1}{3}ap+\frac{1}{2}bp$$

$$\therefore\quad 12a=3+4ap+6bp \quad\cdots\cdots①$$

$$b=\int_0^1(t^2+apt+bp)dt$$

$$=\left[\frac{1}{3}t^3+\frac{1}{2}apt^2+bpt\right]_0^1=\frac{1}{3}+\frac{1}{2}ap+bp$$

$$\therefore\quad 6b=2+3ap+6bp \quad\cdots\cdots②$$

①，②より

$$6b=(12-p)a-1 \quad\cdots\cdots③$$

これを①に代入して整理すると

$$a(p^2-16p+12)=3-p \quad\cdots\cdots④$$

$p^2-16p+12=0$のとき，すなわち$p=8\pm2\sqrt{13}$のとき，④は成り立たず，$u(x)$は存在しない。

また，$p^2-16p+12\neq0$のとき

$$a=\frac{3-p}{p^2-16p+12}$$

Process

定数となる定積分を文字で置く
↓
関数を文字で表す
↓
文字で表した定積分を計算する
↓
関数が存在しない条件を求める

これを③に代入して整理すると

$$b=\frac{p+24}{6(p^2-16p+12)}$$

よって，このとき $u(x)$ は存在する。

したがって，求める p の値は

$p=8\pm2\sqrt{13}$ 答

核心はココ！

「存在する条件」「存在しない条件」は存在するものを求める過程で見えてくる！

第36回

72 定積分と数列 Lv.★★★

問題は43ページ

考え方 定積分 $\int_0^1 g_n(t)dt$ は x によらない定数であることがポイント。この部分を文字で表すと扱いやすいが，n の値によって変化するので，a_n のように数列で表すとよい。そのあとは，$g_{n+1}(x)$ が $g_n(x)$ で表されることに注目し，$\{a_n\}$ に関する漸化式を導く方針で考えよう。

解答

$a_n=\int_0^1 g_n(t)dt$ とおくと　　$g_{n+1}(x)=x^2+\frac{2}{3}a_n$

このとき，数列 $\{a_n\}$ は

$$a_{n+1}=\int_0^1 g_{n+1}(t)dt=\int_0^1\left(t^2+\frac{2}{3}a_n\right)dt=\left[\frac{t^3}{3}+\frac{2}{3}a_nt\right]_0^1$$
$$=\frac{1}{3}+\frac{2}{3}a_n$$
$$a_1=\int_0^1 g_1(t)dt=\int_0^1\left(t^2+\frac{5}{3}\right)dt=\left[\frac{t^3}{3}+\frac{5}{3}t\right]_0^1$$
$$=2$$

をみたす。さらに

$$a_{n+1}=\frac{2}{3}a_n+\frac{1}{3}\qquad a_{n+1}-1=\frac{2}{3}(a_n-1)$$

と変形できる。よって，数列 $\{a_n-1\}$ は初項 $a_1-1=1$，公比 $\frac{2}{3}$ の等比数列であるから

$$a_n-1=\left(\frac{2}{3}\right)^{n-1}\qquad \therefore\quad a_n=\left(\frac{2}{3}\right)^{n-1}+1$$

したがって，求める関数 $g_n(x)$ は

$$g_n(x)=x^2+\frac{2}{3}a_{n-1}=x^2+\frac{2}{3}\left\{\left(\frac{2}{3}\right)^{n-2}+1\right\}$$
$$=x^2+\left(\frac{2}{3}\right)^{n-1}+\frac{2}{3}$$ 答

Process

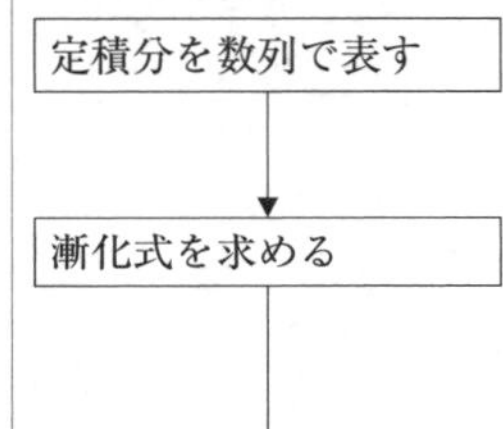
定積分を数列で表す
漸化式を求める
漸化式を解いて係数を求める

核心はココ!

関数列の問題では
係数に関する漸化式を求めよ！

第8章　数列

第37回

73　等差数列の和　Lv. ★★★

問題は44ページ

考え方　（1）等差数列の和を求める際には，「項数，初項，公差(または，末項)」の3つの値がわかればよい。集合 A に含まれる数が 180 以下であることから項数を求めよう。
（2）集合 A に属する数 a_n と，集合 B に属する数 b_n が一致するときの n と m の関係式を考えよう。この式から集合 A に属する数と集合 B に属する数が一致するのが，それぞれの集合の中で何番目の数であるかがわかる。
（3）集合 A に属する数の総和を $S(A)$ と表せば

$$S(A\cup B)=S(A)+S(B)-S(A\cap B)$$

である。

解答

（1）集合 A に属する数は

$$5+(n-1)\cdot 4=4n+1 \quad (n\text{ は自然数})$$

と表せるから，$4n+1\leqq 180$ を解くと

$$n\leqq\frac{179}{4}=44.75$$

したがって，集合 A に属する要素の個数は 44 個であるから，集合 A に属する数の総和を $S(A)$ とおくと

$$S(A)=\frac{44\{2\cdot 5+(44-1)\cdot 4\}}{2}$$
$$=4004$$ 答

（2）集合 B に属する数は

$$1+(m-1)\cdot 6=6m-5 \quad (m\text{ は自然数})$$

と表せる。

集合 A の要素と集合 B の要素が一致するとき

$$4n+1=6m-5 \qquad \therefore \quad 3m-2n=3$$

が成り立つ。これを変形すると

$$3(m-1)=2n$$

2 と 3 は互いに素であるから，n は 3 の倍数である。

したがって，共通部分 $A\cap B$ に属する数は

$$4(3k)+1=12k+1 \quad (k\text{ は自然数})$$

と表されるから，$12k+1\leqq 180$ を解くと

$$k\leqq\frac{179}{12}=14.9\cdots$$

したがって，共通部分 $A\cap B$ に属する要素の個数は **14 個**である。答

Process

集合 A に属する数を文字で表す
↓
集合 A の要素の個数を求める
↓
集合 A に属する数の総和を求める

集合 B に属する数を文字で表す
↓
集合 A と集合 B にともに属する数を文字で表す
↓
共通部分 $A\cap B$ の要素の個数を求める

（3）共通部分 $A\cap B$ に属する数の総和を $S(A\cap B)$ とおくと

$$S(A\cap B)=\frac{14\{2\cdot 13+(14-1)\cdot 12\}}{2}$$
$$=1274$$

また，集合Bに属する要素の個数は

$$6m-5\leqq 180 \qquad \therefore \quad m\leqq \frac{185}{6}=30.8\cdots$$

より 30 個であるから，集合Bに属する数の総和を $S(B)$ とおくと

$$S(B)=\frac{30\{2\cdot 1+(30-1)\cdot 6\}}{2}$$
$$=2640$$

したがって，和集合 $A\cup B$ に属する数の総和を $S(A\cup B)$ とおくと

$$S(A\cup B)=S(A)+S(B)-S(A\cap B)$$
$$=4004+2640-1274$$
$$=5370$$ 答

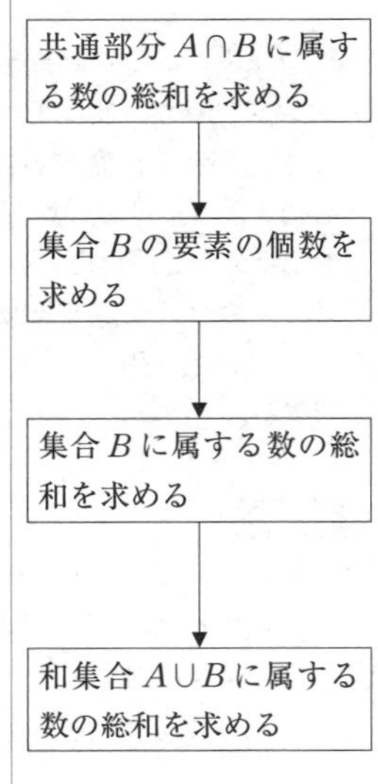
共通部分 A∩B に属する数の総和を求める
集合 B の要素の個数を求める
集合 B に属する数の総和を求める
和集合 A∪B に属する数の総和を求める

解説　集合 A に属する数と集合 B に属する数を書き並べてみると，次のようになる。

$A=\{5,\ 9,\ ⑬,\ 17,\ 21,\ ㉕,\ 29,\ 33,\ ㊲,\ 41,\ 45,\ ㊾,\ \cdots\}$

$B=\{1,\ 7,\ ⑬,\ 19,\ ㉕,\ 31,\ ㊲,\ 43,\ ㊾,\ 55,\ \cdots\}$

このことと，それぞれの数列の公差の最小公倍数が 12 であることから，集合 A と集合 B に共通して現れる項（上記の丸付き数字のもの）は，初項 13，公差 12 の等差数列であるとわかる。

核心はココ!

等差数列は「項数，初項，公差」に注目！

74 等比数列の和 Lv.★★★

問題は44ページ

考え方 (1) n 年後に完済するとき，「(n 年後の残金)$=0$」と考えればよい。残金の式を立てる際には，1年後の残金，2年後の残金，…，と考えるとわかりやすい。この際
「前年の残金に利息がつくこと」と「返済額は毎年 g の増加率で増えていくこと」
に注意しよう。
(2)「$L<1$ 億」を示す。"n をいくらく長く設定しても"という部分は，"n の値によらず"と読み替えると考えやすいだろう。

解答

(1) 企業の返済額は

1年後は x，2年後は $x(1+g)$，3年後は $x(1+g)^2$，…

である。

借入金の残金について

1年後の残金は

$$L(1+r)-x$$

2年後の残金は

$$\{L(1+r)-x\}(1+r)-x(1+g)$$
$$=L(1+r)^2-x\{(1+r)+(1+g)\}$$

3年後の残金は

$$[L(1+r)^2-x\{(1+r)+(1+g)\}](1+r)-x(1+g)^2$$
$$=L(1+r)^3-x\{(1+r)^2+(1+r)(1+g)+(1+g)^2\}$$

これを繰り返し行うと，n 年後の残金 L_n は

$$L_n=L(1+r)^n-x\{(1+r)^{n-1}+(1+r)^{n-2}(1+g)+\cdots$$
$$\cdots+(1+r)(1+g)^{n-2}+(1+g)^{n-1}\}$$
$$=L(1+r)^n-x(1+r)^{n-1}\left\{1+\frac{1+g}{1+r}+\cdots\right.$$
$$\left.\cdots+\left(\frac{1+g}{1+r}\right)^{n-2}+\left(\frac{1+g}{1+r}\right)^{n-1}\right\}$$

$r \neq g$ のとき

$$L_n=L(1+r)^n-x(1+r)^{n-1}\cdot\frac{1-\left(\frac{1+g}{1+r}\right)^n}{1-\frac{1+g}{1+r}}$$
$$=L(1+r)^n-x\cdot\frac{(1+r)^n-(1+g)^n}{r-g} \quad \cdots\cdots\cdots\cdots\cdots①$$

$r=g$ のとき

Process

1年ごとの返済額を考える
↓
1年ごとの残金を考える
↓
n 年後の残金 L_n を考える

$$L_n = L(1+r)^n - x(1+r)^{n-1}n$$

したがって，n 年後に借入金を完済するとき $L_n = 0$ より

$$x = \begin{cases} \dfrac{L(1+r)^n(r-g)}{(1+r)^n-(1+g)^n} & (r \neq g) \\ \dfrac{L(1+r)}{n} & (r = g) \end{cases}$$ 答

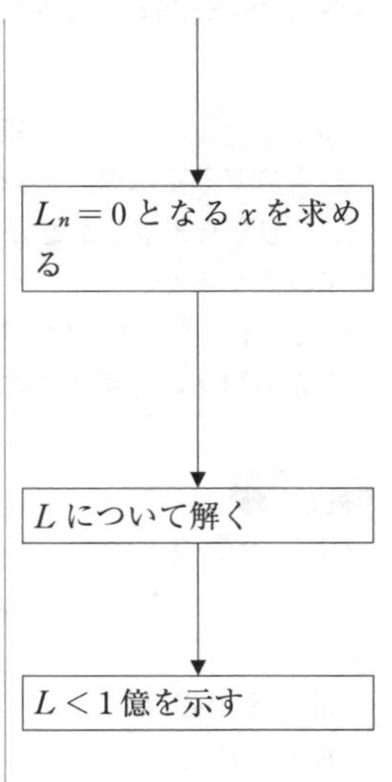

（2）①より，単位を万円とすると

$$L(1.05)^n - 200 \cdot \frac{(1.05)^n-(1.03)^n}{0.05-0.03} = 0$$

$$\therefore \quad L = \frac{200}{0.05-0.03}\left\{1-\left(\frac{1.03}{1.05}\right)^n\right\}$$

すべての自然数 n に対して，$1-\left(\dfrac{1.03}{1.05}\right)^n < 1$ であるから

$$L < \frac{200}{0.05-0.03} = 10000\,(\text{万円}) = 1\,(\text{億円})$$

したがって，返済期間 n をいくら長く設定しても，企業が融資を受けられる額は1億円未満である。　　　　（証終）

年利率の問題は等比数列を使って考える！

75 分数式からなる数列の和 Lv.★★★

問題は45ページ

考え方 与えられた数列 $\{a_n\}$ の規則性が見えないので，階差数列を調べてみよう。
（2），（3）のような分数式からなる数列の和を求めるときは，部分分数分解により各項を2つの分数の差の形に変形することがポイント。

解答

（1）数列 $\{a_n\}$ の階差数列を $\{b_n\}$ とする。

$\{a_n\}$：2，6，12，20，30，42，…

$\{b_n\}$：　4，6，　8，10，12　…

$\{b_n\}$ は初項4，公差2の等差数列であるから

$$b_n=4+(n-1)\cdot 2=2n+2$$

したがって，$n\geqq 2$ のとき

$$a_n=a_1+\sum_{k=1}^{n-1}b_k=2+\sum_{k=1}^{n-1}(2k+2)$$

$$=2+2\cdot\frac{n(n-1)}{2}+2(n-1)$$

$$=n^2+n$$

これは $n=1$ のときもみたすので

$a_n=n^2+n$ 答

である。

したがって

$$S_n=\sum_{k=1}^{n}(k^2+k)=\frac{n(n+1)(2n+1)}{6}+\frac{n(n+1)}{2}$$

$$=\frac{n(n+1)(n+2)}{3}$$ 答

（2）（1）の結果より

$$\frac{1}{a_n}=\frac{1}{n(n+1)}=\frac{1}{n}-\frac{1}{n+1}$$

であるから

$$\frac{1}{a_1}+\frac{1}{a_2}+\frac{1}{a_3}+\cdots+\frac{1}{a_n}$$

$$=\left(\frac{1}{1}-\frac{1}{2}\right)+\left(\frac{1}{2}-\frac{1}{3}\right)+\left(\frac{1}{3}-\frac{1}{4}\right)+\cdots+\left(\frac{1}{n}-\frac{1}{n+1}\right)$$

$$=1-\frac{1}{n+1}$$

$$=\frac{n}{n+1}$$ 答

Process

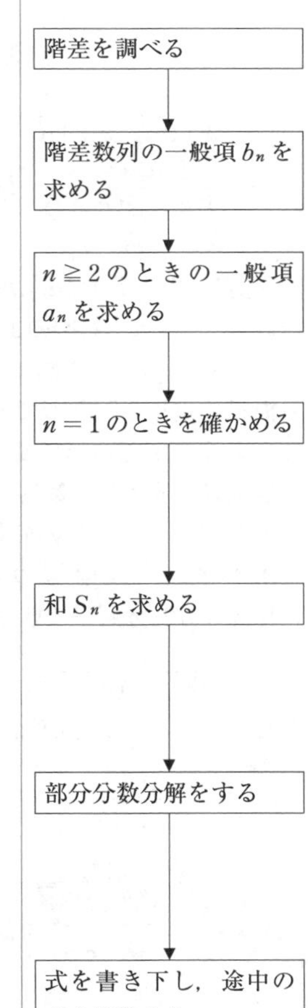

階差を調べる
階差数列の一般項 b_n を求める
$n\geqq 2$ のときの一般項 a_n を求める
$n=1$ のときを確かめる
和 S_n を求める
部分分数分解をする
式を書き下し，途中の項を相殺する

(3) (1)の結果より

$$\frac{1}{S_n}=\frac{3}{n(n+1)(n+2)}=\frac{3}{2}\left\{\frac{1}{n(n+1)}-\frac{1}{(n+1)(n+2)}\right\}$$

であるから

$$\frac{1}{S_1}+\frac{1}{S_2}+\frac{1}{S_3}+\cdots+\frac{1}{S_n}$$

$$=\frac{3}{2}\left[\left(\frac{1}{1\cdot2}-\frac{1}{2\cdot3}\right)+\left(\frac{1}{2\cdot3}-\frac{1}{3\cdot4}\right)+\left(\frac{1}{3\cdot4}-\frac{1}{4\cdot5}\right)+\cdots+\left\{\frac{1}{n(n+1)}-\frac{1}{(n+1)(n+2)}\right\}\right]$$

$$=\frac{3}{2}\left\{\frac{1}{2}-\frac{1}{(n+1)(n+2)}\right\}=\frac{3}{2}\cdot\frac{(n+1)(n+2)-2}{2(n+1)(n+2)}$$

$$=\frac{3n(n+3)}{4(n+1)(n+2)}$$ 答

解説 ある数列 $\{a_n\}$ が，$a_n=c_{n+1}-c_n$ と変形できたとき，$\{a_n\}$ の和 S_n は，右図のように途中の項が相殺されて

$$S_n=a_1+a_2+a_3+\cdots+a_n=c_{n+1}-c_1$$

と簡単に求めることができる。$\sum$ 公式が適用できない場合は，このように階差の形に変形して和を考える。一般項が分数式や無理式で表された数列の和がその代表例である。

分数式からなる数列の和を考えるときは，各項を部分分数分解すると，この階差の形が現れることが少なくない。すぐには部分分数分解ができない場合は

$$\frac{1}{(分母)\times(分母)'}=\frac{A}{(分母)}+\frac{B}{(分母)'}$$

として，A，B の値を決定すればよい。

$$\begin{aligned} a_1&=c_2-c_1\\ a_2&=c_3-c_2\\ a_3&=c_4-c_3\\ &\ \ \vdots\\ +)\ a_n&=c_{n+1}-c_n\\ \hline S_n&=c_{n+1}-c_1 \end{aligned}$$

核心はココ！

$\dfrac{1}{(n\text{の式})\times(n\text{の式})}$ 型の数列の和を求めるには

部分分数分解が効果的

76 (等差数列)×(等比数列)の和 Lv.★★★

問題は45ページ

考え方 (2)で問われている平均年齢 A_n は，$\dfrac{(\text{全個体の年齢数の合計 } S_n)}{(\text{個体の総数 } T_n)}$ で求められるので，まずは S_n，T_n を求めよう。S_n については(1)の実験をもとに規則性を見つければ，(等差数列)×(等比数列)の和の形で書けることがわかるだろう。このような数列の和を求めるときは，等比数列の公比 r に着目して「S_n-rS_n」を考えるのがポイントである。

解答

(1) 年齢5，4，3，2，1の個体がそれぞれ $1,\ 2,\ 2^2,\ 2^3,\ 2^4$ 個ずつあるから

$$S_4=5\cdot1+4\cdot2+3\cdot2^2+2\cdot2^3+1\cdot2^4$$
$$=57 \quad \text{答}$$

(2) 年齢 $n+1,\ n,\ \cdots,\ 2,\ 1$ の個体がそれぞれ $1,\ k,\ \cdots,\ k^{n-1},\ k^n$ 個ずつあるから

$$S_n=(n+1)+n\cdot k+\cdots+2\cdot k^{n-1}+1\cdot k^n \quad \cdots\cdots\text{①}$$

両辺に k をかけると

$$kS_n=(n+1)\cdot k+\cdots+3\cdot k^{n-1}+2\cdot k^n+1\cdot k^{n+1} \quad \cdots\text{②}$$

①−② より

$$(1-k)S_n=(n+1)-(k+k^2+\cdots+k^{n+1})$$
$$=n+1-\frac{k(1-k^{n+1})}{1-k}$$
$$\therefore \quad S_n=\frac{k(k^{n+1}-1)}{(k-1)^2}-\frac{n+1}{k-1}$$

また，個体の総数を T_n とすると

$$T_n=1+k+k^2+\cdots+k^n=\frac{k^{n+1}-1}{k-1}$$

であるから，$k>1$ より

$$A_n=\frac{S_n}{T_n}=\frac{k}{k-1}-\frac{n+1}{k^{n+1}-1}<\frac{k}{k-1} \quad \text{(証終)}$$

Process

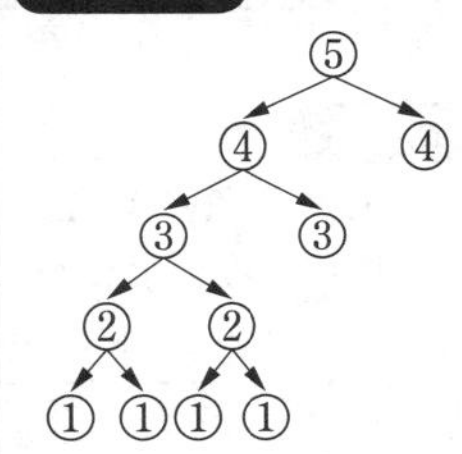

S_n を(等差数列)×(等比数列)の和で表す

↓

公比 k に着目して S_n-kS_n を考える

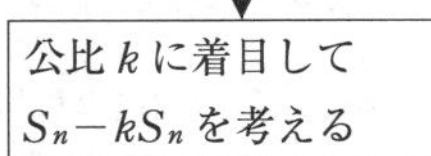

個体の総数 T_n を等比数列の和で表す

↓

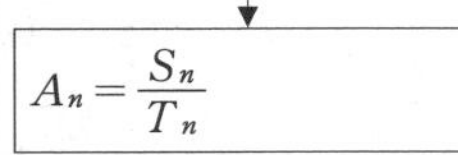

$A_n=\dfrac{S_n}{T_n}$

(等差数列)×(等比数列)の形の数列の和は等比数列の公比に着目して求めよ！

第8章　数列

77　群数列　Lv.★★★

問題は46ページ

考え方　1つの数列であっても，与えられた規則によってはいくつかのグループ（群）に分けて考えた方がよい場合がある（群数列の問題）。このタイプでは

各群がどのように構成されているか

⟶ 各群の最後（あるいは最初）の項は，もとの数列の第何項か

といったところを中心に

第○群の△番目の項 ⟺ もとの数列の第□項

という対応を考えるところがポイントとなる。

解答

初項から順に 1，2，3，…個ずつの群に分け，i 番目の群を第 i 群とする。すなわち

$$\underbrace{1}_{第1群}\ \big|\ \underbrace{1\quad 3}_{第2群}\ \big|\ \underbrace{1\quad 3\quad 5}_{第3群}\ \big|\ \underbrace{1\quad 3\quad 5\quad 7}_{第4群}\ \big|\ 1\quad \cdots$$

（1）$k+1$ 回目に現れる 1 は第 $k+1$ 群の初項である。

第 i 群に含まれる項数は i 個であるから，第 k 群の末項までの項数は

$$1+2+3+\cdots+k=\frac{k(k+1)}{2}$$

したがって，$k+1$ 回目に現れる 1 は

$$\frac{k(k+1)}{2}+1=\frac{k^2+k+2}{2}\ \textbf{(項)}$$ 答

（2）$17=2\times9-1$ より，17 が初めて現れるのは第 9 群の 9 番目であり，それ以降は各群の 9 番目に現れる。

よって，m 回目に現れる 17 は第 $m+8$ 群の 9 番目の項であるから

$$1+2+3+\cdots+(m+7)+9=\frac{(m+7)(1+m+7)}{2}+9$$

$$=\frac{m^2+15m+74}{2}\ \textbf{(項)}$$ 答

（3）第 i 群に含まれる i 個の奇数の総和は

$$1+3+5+\cdots+(2i-1)=i^2$$

$k+1$ 回目に現れる 1 は第 $k+1$ 群の初項なので，求める和は，第 1 群から第 k 群までの総和に 1 を加えたものであるから

$$\sum_{i=1}^{k}i^2+1=\frac{k(k+1)(2k+1)}{6}+1$$

Process

数列の規則性に着目して群に分ける

↓

$k+1$ 番目に現れる 1 が第○群の△番目の項であることを把握

↓

第○－1群までの項数を考える

↓

○群の1番目から△番目の項までの項数を加える

$k+1$ 番目に現れる 1 が第○群の△番目の項であることを把握

↓

第○－1群までの和と，第○群の1番目から△番目の項までの和を加える

$$= \frac{2k^3+3k^2+k+6}{6}$$ 答

（4）初項から第 s 群の末項までの総和は

$$\sum_{i=1}^{s} i^2 = \frac{s(s+1)(2s+1)}{6}$$

題意をみたす最小の n が第 s 群にあるとすると，s は

$$\frac{s(s+1)(2s+1)}{6} > 1300$$

をみたす最小の数である。ここで

$$\frac{15\cdot 16\cdot 31}{6} = 1240,\quad \frac{16\cdot 17\cdot 33}{6} = 1496$$

であり，また数列 $\{s(s+1)(2s+1)\}$ は増加数列であるから，s の値は $s=16$ である。

さらに，題意をみたす n が第 16 群の t 番目の項であるとすると，t は

$$1240+1+3+5+\cdots+(2t-1) > 1300$$

$$\therefore\quad t^2 > 60$$

をみたす最小の数である。すなわち $t=8$ である。

したがって，第 n 項は第 16 群の 8 番目の項なので

$$1+2+\cdots+15+8 = \frac{15\cdot 16}{2}+8 = 128$$ 答

最小の n が第○群にあることを把握

↓

最小の n が第○群の△番目の項と把握

群数列では，各群がどのような特徴で区切られていて，何項あるのかを考えることが大切

78　不定方程式の解の個数　Lv.★★★

問題は46ページ

考え方　（1）不等式をみたす整数の組(x, y)の個数は，不等式の表す領域に含まれる格子点（x座標とy座標がともに整数である点）の個数として考えることができる。格子点の個数を求める際には，座標軸に垂直な直線上の格子点の個数を数えてから，それらをたし合わせると考えやすい。

（2）（1）の結果が使えるようにzを固定して考えてみよう。

解答

（1）a_kは，$\dfrac{x}{3}+\dfrac{y}{2} \leqq k$，$x \geqq 0$，$y \geqq 0$の表す領域$D$に含まれる格子点の個数と読み替えることができる。

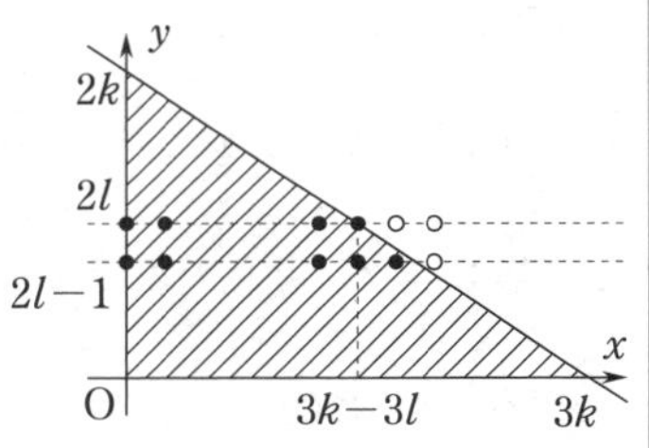

これらの格子点のうち，直線$y=2l$ $(l=0, 1, 2, \cdots, k)$上にあるものは

$(0, 2l)$，$(1, 2l)$，…，$(3k-3l, 2l)$の$3k-3l+1$（個）

また，直線$y=2l-1$ $(l=1, 2, \cdots, k)$上にあるものは

$(0, 2l-1)$，$(1, 2l-1)$，…，

$(3k-3l+1, 2l-1)$の$3k-3l+2$（個）

よって，領域Dに含まれる格子点の個数は

$$\boldsymbol{a_k}=\sum_{l=0}^{k}(3k-3l+1)+\sum_{l=1}^{k}(3k-3l+2)$$

$$=-3\cdot\frac{1}{2}k(k+1)+(3k+1)(k+1)$$

$$-3\cdot\frac{1}{2}k(k+1)+(3k+2)k$$

$$=\boldsymbol{3k^2+3k+1}$$ 答

（2）$\dfrac{x}{3}+\dfrac{y}{2} \leqq n-z$より，$z=m$ $(0 \leqq m \leqq n)$のときの0以上の整数の組(x, y)の個数はa_{n-m}である。よって

$$\boldsymbol{b_n}=\sum_{m=0}^{n}a_{n-m}$$

$$=\sum_{k=0}^{n}a_k \quad (\because\ k=n-m\text{とおいた})$$

$$=\sum_{k=0}^{n}(3k^2+3k+1)$$

Process

整数の組の個数を格子点の個数に読み替える

↓

y軸に垂直な直線上にある格子点の個数を数え上げる

↓

たし合わせて，領域内の格子点の個数を求める

zを固定して整数の組(x, y)の個数を考える

↓

固定していた文字zを動かし，整数の組(x, y, z)の個数を求める

$$= 3 \cdot \frac{1}{6}n(n+1)(2n+1) + 3 \cdot \frac{1}{2}n(n+1) + (n+1)$$

$$= \frac{1}{2}(n+1)(2n^2+n+3n+2)$$

$$= (n+1)^3 \quad \text{答}$$

別解　(1)は，格子点を数えやすい図形を利用して次のように考えてもよい。

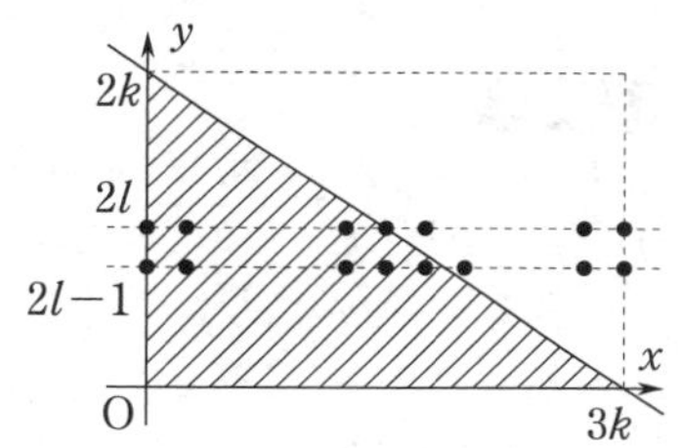

4点 $(0,\ 0)$, $(3k,\ 0)$, $(3k,\ 2k)$, $(0,\ 2k)$ を頂点とする長方形の周および内部に含まれる格子点の個数は

$$(3k+1)(2k+1) \text{（個）}$$

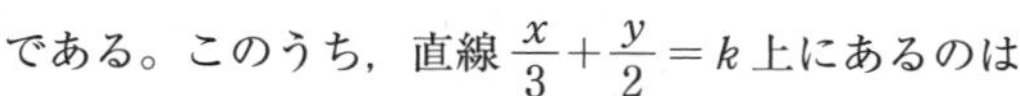

である。このうち，直線 $\dfrac{x}{3} + \dfrac{y}{2} = k$ 上にあるのは

$$(0,\ 2k),\ (3,\ 2k-2),\ (6,\ 2k-4),\ \cdots,\ (3k,\ 0) \text{ の } k+1 \text{（個）}$$

であるから，領域 D に含まれる格子点の個数 a_k は

$$a_k = \frac{1}{2}\{(3k+1)(2k+1) - (k+1)\} + k + 1$$

$$= \frac{1}{2}(6k^2+4k) + k + 1$$

$$= 3k^2 + 3k + 1$$

核心はココ！

整数の組の個数を求めるときは，
1文字固定して考える！

79 数列の和を含む漸化式 Lv.★★★

問題は47ページ

考え方 (2)では，a_{n+1} を a_n を用いて表したいので，まずは与式の n を $n+1$ とした式をつくろう。その後，S_{n+1} と S_n を用いない式をつくることを考えたい。そこで

$$S_{n+1}=a_1+a_2+\cdots+a_n+a_{n+1}=S_n+a_{n+1}$$

から，$a_{n+1}=S_{n+1}-S_n$ が成り立つことを利用しよう。

解答

(1) $S_n=-2a_n+3n$ ……………………①

①で $n=1$ として

$$S_1=-2a_1+3$$

$S_1=a_1$ より

$$a_1=-2a_1+3 \qquad \therefore \quad a_1=1$$ 答

また，①で $n=2$ として

$$S_2=-2a_2+6$$

$S_2=a_1+a_2=1+a_2$ より

$$1+a_2=-2a_2+6 \qquad \therefore \quad a_2=\frac{5}{3}$$ 答

(2) ①で n を $n+1$ におきかえて

$$S_{n+1}=-2a_{n+1}+3(n+1)$$ ……………………②

$S_{n+1}-S_n=a_{n+1}$ なので，②−① より

$$a_{n+1}=-2a_{n+1}+2a_n+3 \qquad \therefore \quad a_{n+1}=\frac{2}{3}a_n+1$$ 答

(3) (2)で得られた式を変形すると

$$a_{n+1}-3=\frac{2}{3}(a_n-3)$$

したがって，数列 $\{a_n-3\}$ は，初項が $a_1-3=-2$，公比が $\frac{2}{3}$ の等比数列であるから

$$a_n-3=-2\left(\frac{2}{3}\right)^{n-1} \qquad \therefore \quad a_n=3\left\{1-\left(\frac{2}{3}\right)^n\right\}$$ 答

Process

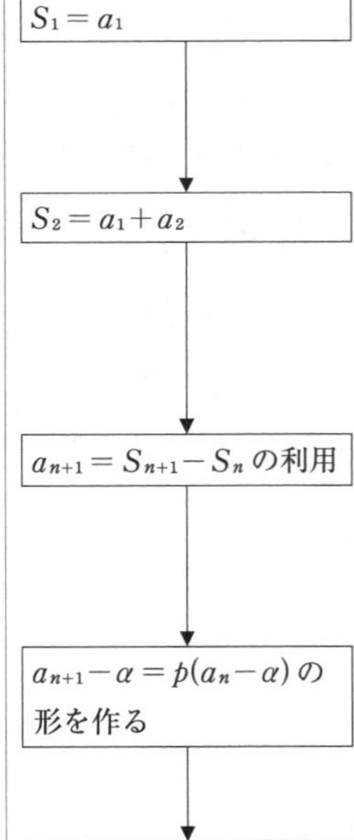
$S_1=a_1$
$S_2=a_1+a_2$
$a_{n+1}=S_{n+1}-S_n$ の利用
$a_{n+1}-\alpha=p(a_n-\alpha)$ の形を作る
$\{a_n-\alpha\}$ が等比数列であることを利用する

核心はココ!

和から一般項を求める際には

$a_{n+1}=S_{n+1}-S_n\ (n=1,\ 2,\ \cdots)$，$a_1=S_1$ を利用する

80　2項間漸化式　Lv.★★★

問題は47ページ

考え方　[A]，[B]ともに $b_n=a_n-g(n)$ の形で置換の方法が与えられているので，$a_n=b_n+g(n)$ の形に直して与式に代入すればよい。
[B]では $\{b_n\}$ が等比数列になることから，漸化式は $b_{n+1}=rb_n$ の形になるはずである。

解答

[A]（1）$b_n=a_n-5^n$ とおくと $a_n=b_n+5^n$ であるから，与えられた漸化式より

$$b_{n+1}+5^{n+1}=4(b_n+5^n)+5^n \qquad \therefore \quad b_{n+1}=4b_n$$ 答

（2）$b_1=a_1-5^1=9-5=4$

であるから，（1）の漸化式より

$$b_n=4\cdot4^{n-1}=4^n \qquad \therefore \quad a_n=4^n+5^n$$ 答

[B]（1）$b_n=a_n-(\alpha n+\beta)$ とおくと $a_n=b_n+\alpha n+\beta$ であるから，与えられた漸化式より

$$b_{n+1}+\alpha(n+1)+\beta=2(b_n+\alpha n+\beta)-2n+1$$

$$\therefore \quad b_{n+1}=2b_n+(\alpha-2)n-\alpha+\beta+1$$

よって，$\{b_n\}$ が等比数列となるのは

$$\begin{cases}\alpha-2=0\\-\alpha+\beta+1=0\end{cases} \qquad \therefore \quad \begin{cases}\alpha=2\\\beta=1\end{cases}$$ 答

（2）（1）の結果から，$b_n=a_n-(2n+1)$ とおくと

$$b_{n+1}=2b_n,\quad b_1=a_1-(2\cdot1+1)=-1$$

であるから

$$b_n=-2^{n-1} \qquad \therefore \quad a_n=-2^{n-1}+2n+1$$ 答

（3）（2）の結果から

$$S_n=\sum_{k=1}^{n}a_k=\sum_{k=1}^{n}(-2^{k-1}+2k+1)$$

$$=-\frac{2^n-1}{2-1}+2\cdot\frac{n(n+1)}{2}+n$$

$$=-2^n+n^2+2n+1$$ 答

Process

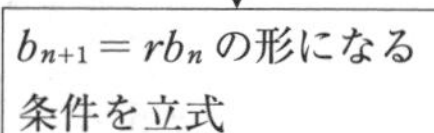

↓

$b_{n+1}=rb_n$ の形になる条件を立式

↓

置き換えた数列 $\{b_n\}$ の一般項を求める

↓

もとの数列 $\{a_n\}$ の一般項を求める

解説　Ⓐ　$a_{n+1}=pa_n+f(n)$ の漸化式は

$$g(n+1)=pg(n)+f(n) \quad \cdots\cdots\cdots\cdots (*)$$

をみたす $g(n)$ を1つ見つけ，漸化式と(＊)の差をとることによって，等比数列に帰着させることができる。このとき，(＊)を特性方程式という。

$$\begin{array}{rrl} & a_{n+1} & =pa_n+f(n)\\ -) & g(n+1) & =pg(n)+f(n)\\ \hline & a_{n+1}-g(n+1) & =p(a_n-g(n))\end{array}$$

$g(n)$ は，$f(n)$ の形に合わせて

$f(n)$ が定数 $\Longrightarrow g(n)=\alpha$ (定数)

$f(n)$ が 1 次式 $\Longrightarrow g(n)=An+B$ (1 次式)

$f(n)$ が 2 次式 $\Longrightarrow g(n)=An^2+Bn+C$ (2 次式)

$f(n)$ が q^{n+1} $\Longrightarrow g(n)=Aq^{n+1}$ (べき乗)

とおくことで，求めることができる。

Ⓑ ［A］，［B］ともに，(1)の誘導がなくても，次のように漸化式を解くことができる。どれも有名な手法なので，マスターしておこう。

・［A］ 4^{n+1} で割って…

$$a_{n+1}=4a_n+5^n \qquad \frac{a_{n+1}}{4^{n+1}}=\frac{a_n}{4^n}+\frac{1}{4}\left(\frac{5}{4}\right)^n$$

であるから，$d_n=\dfrac{a_n}{4^n}$ とおくと，与えられた漸化式は

$$d_{n+1}=d_n+\frac{1}{4}\left(\frac{5}{4}\right)^n,\ d_1=\frac{a_1}{4^1}=\frac{9}{4}$$

と変形できる。よって，$n\geqq 2$ において

$$d_n=d_1+\sum_{k=1}^{n-1}\frac{1}{4}\left(\frac{5}{4}\right)^k=\frac{9}{4}+\frac{\frac{5}{16}\left\{1-\left(\frac{5}{4}\right)^{n-1}\right\}}{1-\frac{5}{4}}=1+\left(\frac{5}{4}\right)^n$$

$$\frac{a_n}{4^n}=1+\left(\frac{5}{4}\right)^n \qquad a_n=4^n+5^n \quad (これは n=1 のときもみたす)$$

・［B］ 階差をとって…

$a_{n+1}-a_n=c_n$ とおくと，与えられた漸化式は

$$\begin{cases} c_{n+1}=2c_n-2 \\ c_1=a_2-a_1=(2a_1-2\cdot 1+1)-a_1=1 \end{cases}$$

$$\begin{array}{rrl} & a_{n+2} & =2a_{n+1}-2(n+1)+1 \\ -) & a_{n+1} & =2a_n\ \ -2n\qquad +1 \\ \hline & a_{n+2}-a_{n+1} & =2(a_{n+1}-a_n)-2 \end{array}$$

と変形でき，さらに

$$c_{n+1}=2c_n-2 \qquad c_{n+1}-2=2(c_n-2)$$

よって，数列 $\{c_n-2\}$ は初項 $c_1-2=-1$，公比 2 の等比数列であるから

$$c_n-2=-1\cdot 2^{n-1}=-2^{n-1} \qquad \therefore\ a_{n+1}-a_n=-2^{n-1}+2 \qquad (以下，省略)$$

$a_{n+1}=pa_n+f(n)$ の漸化式は
等比数列に帰着させて解け！

81 3項間漸化式 Lv.★★★

問題は48ページ

考え方 積 $a_n a_{n+1}$ や累乗 a_n^2, a_n^3 を含む漸化式の問題では，適当な底の対数をとり，積や指数を解消することがポイント。本問では，$\log_k a_1$, $\log_k a_2$ を簡単な値にするため，底を 2 とするとよいだろう。
また，$a_{n+2}+pa_{n+1}+qa_n=0$ の形の漸化式は，2 次方程式 $x^2+px+q=0$ の解 α, β を用いて $a_{n+2}-\alpha a_{n+1}=\beta(a_{n+1}-\alpha a_n)$ と変形できることを利用しよう。

解答

$a_1=1>0$, $a_2=2>0$ と与えられた漸化式より，すべての自然数 n に対して帰納的に $a_n>0$ である。

与えられた漸化式の両辺の底を 2 とする対数をとると

$$\log_2 a_{n+1}{}^5=\log_2 a_{n+2}{}^3 a_n{}^2$$

$$\therefore\quad 3\log_2 a_{n+2}-5\log_2 a_{n+1}+2\log_2 a_n=0$$

ここで，$b_n=\log_2 a_n$ とおくと，与えられた漸化式は

$$\begin{cases} b_1=\log_2 a_1=0,\ b_2=\log_2 a_2=1 \\ 3b_{n+2}-5b_{n+1}+2b_n=0 \quad \cdots\cdots① \end{cases}$$

となる。さらに，①は

$$b_{n+2}-\frac{2}{3}b_{n+1}=b_{n+1}-\frac{2}{3}b_n,\quad b_{n+2}-b_{n+1}=\frac{2}{3}(b_{n+1}-b_n)$$

の 2 通りに変形できるので

$$\begin{cases} b_{n+1}-\dfrac{2}{3}b_n=b_2-\dfrac{2}{3}b_1=1 \\ b_{n+1}-b_n=(b_2-b_1)\left(\dfrac{2}{3}\right)^{n-1}=\left(\dfrac{2}{3}\right)^{n-1} \end{cases}$$

辺々ひいて

$$\frac{1}{3}b_n=1-\left(\frac{2}{3}\right)^{n-1}\qquad b_n=3\left\{1-\left(\frac{2}{3}\right)^{n-1}\right\}$$

$a_n=2^{b_n}$ より $P=b_n$ なので　$P=3\left\{1-\left(\dfrac{2}{3}\right)^{n-1}\right\}$ 答

Process

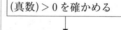

(真数)>0 を確かめる
↓
両辺の底を 2 とする対数をとる
↓
置き換えた数列 $\{b_n\}$ の漸化式をつくる
↓
$b_{n+2}-\alpha b_{n+1}=\beta(b_{n+1}-\alpha b_n)$ の形を作る
↓
$\{b_{n+1}-\alpha b_n\}$ が等比数列であることを利用する

積や累乗を含む漸化式は対数を利用する！

82 連立漸化式　Lv.★★★

問題は48ページ

考え方　（1）数列 $\{a_n\}$ が等比数列になるとき，漸化式は $a_{n+1}=ra_n$ の形になる。これをみたす c を求めよ，ということである。

（2）（1）より $\left\{x_n+\frac{1}{\sqrt{5}}y_n\right\}$，$\left\{x_n-\frac{1}{\sqrt{5}}y_n\right\}$ の一般項がわかっているので，これらを x_n，y_n についての連立方程式とみればよい。

解答

（1）$a_n=x_n+cy_n$ より

$$a_{n+1}=x_{n+1}+cy_{n+1}=x_n+y_n+c(5x_n+y_n)$$
$$=(1+5c)x_n+(1+c)y_n \quad \cdots\cdots①$$

また，数列 $\{a_n\}$ が等比数列になるとき，$a_{n+1}=ra_n$ をみたす実数 r が存在するので

$$a_{n+1}=ra_n=rx_n+rcy_n \quad \cdots\cdots②$$

①，②の係数を比較すると

$$\begin{cases}1+5c=r\\1+c=rc\end{cases}$$

r を消去して

$$1+c=(1+5c)c \qquad 5c^2=1 \qquad \therefore\ c=\pm\frac{1}{\sqrt{5}}$$ 答

このとき，複号同順として

初項は　$a_1=x_1+cy_1=1\pm\frac{1}{\sqrt{5}}\cdot 5=1\pm\sqrt{5}$

公比は　$r=1+5c=1+5\cdot\left(\pm\frac{1}{\sqrt{5}}\right)=1\pm\sqrt{5}$

であるから，$\{a_n\}$ の一般項は

$$a_n=(1\pm\sqrt{5})^n$$ 答

（2）（1）の結果から

$$\begin{cases}x_n+\dfrac{1}{\sqrt{5}}y_n=(1+\sqrt{5})^n\\[2mm]x_n-\dfrac{1}{\sqrt{5}}y_n=(1-\sqrt{5})^n\end{cases}$$

これを解いて

$$\begin{cases}x_n=\dfrac{1}{2}\{(1+\sqrt{5})^n+(1-\sqrt{5})^n\}\\[2mm]y_n=\dfrac{\sqrt{5}}{2}\{(1+\sqrt{5})^n-(1-\sqrt{5})^n\}\end{cases}$$ 答

Process

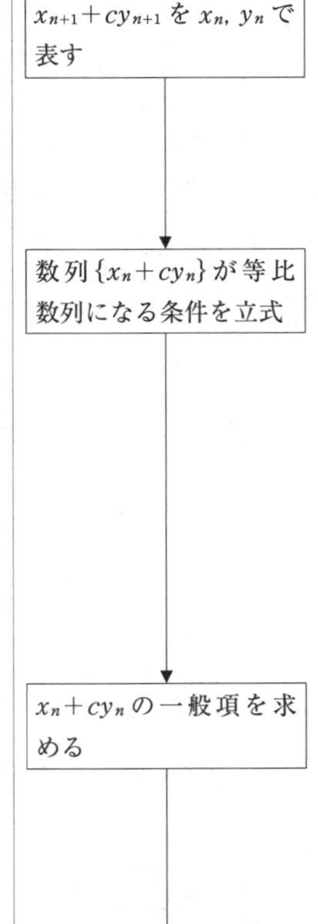

$x_{n+1}+cy_{n+1}$ を x_n，y_n で表す
数列 $\{x_n+cy_n\}$ が等比数列になる条件を立式
x_n+cy_n の一般項を求める
x_n，y_n の連立方程式とみて解く

! 解説 連立漸化式も等比数列に帰着させることが目標である。すなわち

$$x_{n+1}+cy_{n+1}=r(x_n+cy_n)$$

と変形して，初項 x_1+cy_1，公比 r の等比数列に帰着させる。これにより，数列 $\{x_n+cy_n\}$ の一般項が求まり，その結果から，数列 $\{x_n\}$，$\{y_n\}$ の一般項 x_n，y_n も求まる。

とくに

$$\begin{cases} b_{n+1}=\alpha b_n+\beta c_n \\ c_{n+1}=\beta b_n+\alpha c_n \end{cases}$$

のように，b_n と c_n の係数が対称である場合は，和と差を考えることによって

$b_{n+1}+c_{n+1}=(\alpha+\beta)(b_n+c_n) \longrightarrow$ 数列 $\{b_n+c_n\}$ は公比 $\alpha+\beta$ の等比数列

$b_{n+1}-c_{n+1}=(\alpha-\beta)(b_n-c_n) \longrightarrow$ 数列 $\{b_n-c_n\}$ は公比 $\alpha-\beta$ の等比数列

このように，簡単に等比数列に帰着させることができる。

✻ 別解 連立漸化式は，どちらか一方の項を消去することで3項間漸化式に帰着させることもできる。数列 $\{y_n\}$ に関する項を消去して，数列 $\{x_n\}$ の3項間漸化式を導いてみよう。

$x_{n+1}=x_n+y_n$ より

$$y_n=x_{n+1}-x_n \qquad \therefore \quad y_{n+1}=x_{n+2}-x_{n+1}$$

これらを $y_{n+1}=5x_n+y_n$ に適用すると

$$x_{n+2}-x_{n+1}=5x_n+x_{n+1}-x_n$$

$$\therefore \quad x_{n+2}-2x_{n+1}-4x_n=0 \quad (x_1=1,\ x_2=x_1+y_1=6)$$

さらに，$x_{n+2}-px_{n+1}=q(x_{n+1}-px_n)$ の形に変形すると

$$\begin{cases} x_{n+2}-(1+\sqrt{5})x_{n+1}=(1-\sqrt{5})\{x_{n+1}-(1+\sqrt{5})x_n\} \\ x_{n+2}-(1-\sqrt{5})x_{n+1}=(1+\sqrt{5})\{x_{n+1}-(1-\sqrt{5})x_n\} \end{cases}$$

$$\therefore \quad \begin{cases} x_{n+1}-(1+\sqrt{5})x_n=(1-\sqrt{5})^{n-1}\{x_2-(1+\sqrt{5})x_1\}=-\sqrt{5}(1-\sqrt{5})^n \\ x_{n+1}-(1-\sqrt{5})x_n=(1+\sqrt{5})^{n-1}\{x_2-(1-\sqrt{5})x_1\}=\sqrt{5}(1+\sqrt{5})^n \end{cases}$$

辺々ひいて

$$x_n=\frac{1}{2}\{(1+\sqrt{5})^n+(1-\sqrt{5})^n\}$$

$y_n=x_{n+1}-x_n$ に代入して $\qquad y_n=\dfrac{\sqrt{5}}{2}\{(1+\sqrt{5})^n-(1-\sqrt{5})^n\}$

連立漸化式も等比数列に帰着させて解け！

第8章　数列

83　倍数の証明（数学的帰納法）　Lv. ★★★

問題は49ページ

考え方　すべての自然数について成り立つ命題を示すので，数学的帰納法が有効である。13 の倍数であることを示すので，$n=k+1$ のときの成立を示すときには 13 をくくり出すことを意識して変形しよう。

解答

数学的帰納法を用いて示す。

（Ⅰ）$n=1$ のとき，与式は

$$4^{2\cdot1-1}+3^{1+1}=4+9=13$$

より 13 の倍数である。

（Ⅱ）$n=k$（k は自然数）で成り立つとすると，与式は整数 m を用いて

$$4^{2k-1}+3^{k+1}=13m$$

とかける。$n=k+1$ のとき

$$\begin{aligned}4^{2(k+1)-1}+3^{(k+1)+1}&=4^{2k+1}+3^{k+2}\\&=4^2(4^{2k-1}+3^{k+1})-4^2\cdot3^{k+1}+3^{k+2}\\&=16\cdot13m-13\cdot3^{k+1}\\&=13(16m-3^{k+1})\end{aligned}$$

$16m-3^{k+1}$ は整数なので，$n=k+1$ のとき与式は 13 の倍数である。

よって，自然数 n について $4^{2n-1}+3^{n+1}$ は 13 の倍数である。

（証終）

Process

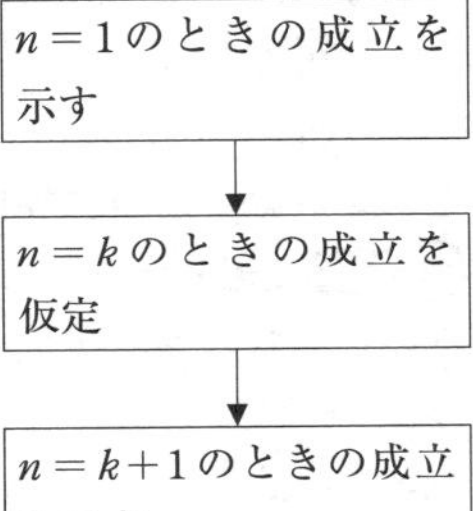

$n=1$ のときの成立を示す
$n=k$ のときの成立を仮定
$n=k+1$ のときの成立を示す

**すべての自然数で成り立つ命題の証明には
数学的帰納法が有効**

84 漸化式と数学的帰納法 Lv.★★★

問題は49ページ

考え方 (1) a_1, a_2, …, a_6 の値から，一般項を推測する。すぐに規則性がつかめない場合は，階差をとってみるとよい。
(2) $n=k+1$ での成立を示すときには，仮定の仕方に注意しよう。a_{k+1} は a_1, a_2, …, a_k で定義されるので，$n=1$, 2, …, k での成立を仮定しなくてはいけない。

解答

$$a_{n+1}=\frac{3}{n}(a_1+a_2+\cdots+a_n) \quad \cdots\cdots ①$$

(1) ①に $n=1$, 2, 3, 4, 5 を順次代入すると

$$a_2=\frac{3}{1}\cdot a_1=3\cdot 1=3 \quad \text{答}$$

$$a_3=\frac{3}{2}(a_1+a_2)=\frac{3}{2}(1+3)=6 \quad \text{答}$$

$$a_4=\frac{3}{3}(a_1+a_2+a_3)=1+3+6=10 \quad \text{答}$$

$$a_5=\frac{3}{4}(a_1+a_2+a_3+a_4)=\frac{3}{4}(1+3+6+10)$$
$$=15 \quad \text{答}$$

$$a_6=\frac{3}{5}(a_1+a_2+a_3+a_4+a_5)=\frac{3}{5}(1+3+6+10+15)$$
$$=21 \quad \text{答}$$

ここで，数列 $\{a_n\}$ の階差数列を $\{b_n\}$ とおく。

$\{a_n\}$：1, 3, 6, 10, 15, 21, …
$\{b_n\}$：　2　3　4　5　6　…

したがって

$$b_n=n+1$$

であるから，$n\geqq 2$ のとき

$$a_n=a_1+\sum_{k=1}^{n-1}b_k=1+\sum_{k=1}^{n-1}(k+1)=\frac{n(n+1)}{2}$$

これは $n=1$ のときもみたすから，一般項 a_n は

$$a_n=\frac{n(n+1)}{2} \quad \text{答} \quad \cdots\cdots ②$$

(2) (I) $n=1$ のとき

$$a_1=\frac{1\cdot 2}{2}=1$$

であるから，$n=1$ のとき②は成り立つ。

Process

$n=1$, 2, 3, 4, 5 を順次代入
↓
階差数列を調べる
↓
もとの数列 $\{a_n\}$ の一般項を求める
↓
$n=1$ のときを確かめる

$n=1$ のときの成立を示す

（Ⅱ）$n=1,\ 2,\ \cdots,\ k\ (k \geqq 1)$ のとき②が成り立つと仮定する。
このとき，①より

$$a_{k+1}=\frac{3}{k}(a_1+a_2+\cdots+a_k)=\frac{3}{k}\sum_{m=1}^{k}a_m$$
$$=\frac{3}{k}\sum_{m=1}^{k}\frac{m(m+1)}{2}$$
$$=\frac{3}{2k}\sum_{m=1}^{k}(m^2+m)$$
$$=\frac{3}{2k}\left\{\frac{1}{6}k(k+1)(2k+1)+\frac{1}{2}k(k+1)\right\}$$
$$=\frac{3}{2k}\cdot\frac{k(k+1)(2k+4)}{6}$$
$$=\frac{(k+1)(k+2)}{2}$$

したがって，$n=k+1$ のときも②は成り立つ。
（Ⅰ），（Ⅱ）より，すべての自然数 n について（１）で求めた一般項 a_n は正しいことが示された。　（証終）

$n=1,\ 2,\ \cdots,\ k$ のときの成立を仮定

$n=k+1$ のときの成立を示す

解説　与えられた漸化式は

$a_1,\ a_2,\ a_3,\ \cdots,\ a_n$ の値から a_{n+1} を決定する

というものである。（１）で $a_2,\ a_3,\ \cdots$ を求める際に，その具体的な様子がわかるだろう。

したがって，数学的帰納法の第２段（Ⅱ）において，$n=k$ と仮定しただけでは不十分で，**解答**のように，$n=1,\ 2,\ \cdots,\ k$ で仮定する必要がある。

数学的帰納法で証明するときは，仮定の仕方に注意！

85 数列の図形への応用 Lv. ★★★

問題は50ページ

考え方 a_n，a_{n+1} はそれぞれ，点 A_n における C の接線，法線の y 切片に現れる。そこで，接線と法線の方程式を A_n の座標を用いて表そう。

解答

（1）$y=x^2$ から　$y'=2x$

$\mathrm{A}_n(t_n,\ t_n{}^2)(t_n>0)$ とすると，2 直線 l_n，m_n の方程式はそれぞれ

$$y-t_n{}^2=2t_n(x-t_n)$$

$$y-t_n{}^2=-\frac{1}{2t_n}(x-t_n)$$

よって

$$l_n:y=2t_nx-t_n{}^2$$

$$m_n:y=-\frac{1}{2t_n}x+t_n{}^2+\frac{1}{2}$$

これらの y 切片がそれぞれ $-a_n$，$3a_{n+1}$ に一致するから

$$t_n{}^2=a_n \text{ かつ } t_n{}^2+\frac{1}{2}=3a_{n+1}$$

t_n を消去して，求める関係式は

$$3a_{n+1}=a_n+\frac{1}{2}$$ 答

（2）$a_{n+1}-\dfrac{1}{4}=\dfrac{1}{3}\left(a_n-\dfrac{1}{4}\right)$

数列 $\left\{a_n-\dfrac{1}{4}\right\}$ は，初項が $a_1-\dfrac{1}{4}=\dfrac{3}{4}$，公比が $\dfrac{1}{3}$ の等比数列であるから

$$a_n-\frac{1}{4}=\frac{3}{4}\left(\frac{1}{3}\right)^{n-1}$$

$$\therefore\quad a_n=\frac{1}{4}+\frac{3}{4}\left(\frac{1}{3}\right)^{n-1}$$ 答

Process

接線・法線の方程式を求める
↓
接点の座標を用いて接線・法線の y 切片を表す
↓
a_{n+1} と a_n の関係式をつくる
↓
$a_{n+1}-\alpha=p(a_n-\alpha)$ の形を作る
↓
$\{a_n-\alpha\}$ が等比数列であることを利用する

a_1 から a_2，a_2 から a_3，…と順に決まっていく数列の一般項を求めるときは漸化式を使おう！

第43回

86　確率の漸化式　Lv.★★★

問題は50ページ

考え方　（2）P_nを用いてP_{n+1}を表すので，「n回目の試行後」から「$n+1$回目の試行後」での状態の変化を捉える。n回目までの数字の和が偶数，奇数で場合を分けて，$n+1$回目の試行の結果に結びつける。

解答

（1）1回の試行で，偶数のカード，奇数のカードを取り出す確率はそれぞれ$\frac{4}{9}$，$\frac{5}{9}$だから

$$P_2=\left(\frac{4}{9}\right)^2+\left(\frac{5}{9}\right)^2=\frac{41}{81}$$

$$P_3=\left(\frac{4}{9}\right)^3+{}_3\mathrm{C}_1\frac{4}{9}\left(\frac{5}{9}\right)^2=\frac{364}{729}$$ 答

（2）n回目までの数字の和をS_nとすると，S_{n+1}が偶数になるのは次の(ア)，(イ)の場合がある。

(ア)S_nが偶数で，$n+1$回目に偶数のカードを取り出す

(イ)S_nが奇数で，$n+1$回目に奇数のカードを取り出す

したがって

$$P_{n+1}=P_n\times\frac{4}{9}+(1-P_n)\times\frac{5}{9}$$

$$\therefore\quad P_{n+1}=-\frac{1}{9}P_n+\frac{5}{9}$$ 答

（3）（2）から

$$P_1=\frac{4}{9},\ P_{n+1}-\frac{1}{2}=-\frac{1}{9}\left(P_n-\frac{1}{2}\right)$$

数列$\left\{P_n-\frac{1}{2}\right\}$は，初項が$P_1-\frac{1}{2}=-\frac{1}{18}$，公比が$-\frac{1}{9}$の等比数列であるから　$P_n-\frac{1}{2}=-\frac{1}{18}\left(-\frac{1}{9}\right)^{n-1}$

よって，求めるP_nは　$P_n=\frac{1}{2}\left\{1+\left(-\frac{1}{9}\right)^n\right\}$ 答

Process

1回の試行で偶数，奇数のカードを取り出す確率をそれぞれ求める

↓

カードの数字の和が偶数となる組み合わせを考える

n回目までの数字の和の偶奇で場合分け

↓

(偶数)＋(偶数)＝(偶数)
(奇数)＋(奇数)＝(偶数)
を用いてP_{n+1}をP_nで表す

核心はココ！

確率の漸化式を立てるときは直前の状態に応じて場合分けして考える！

第44回

87 ベクトルの１次独立　Lv.★★★

問題は51ページ

考え方　「点Pは線分ADと線分BCの交点」
$\iff$「Pは線分AD上にあり，かつ，Pは線分BC上にある」
と読み替えることによって，$\overrightarrow{OP}$は１次独立である２つのベクトル$\overrightarrow{OA}$，$\overrightarrow{OB}$を用いて２通りで表すことができるから，係数を比較することで，$\overrightarrow{OP}$を求めることができる。このとき，BP：PC，AP：PDもわかるから，面積比を求めることができる。

解答

Pは線分AD上にあるから，実数sを用いて

$$\overrightarrow{OP}=(1-s)\overrightarrow{OA}+s\overrightarrow{OD}=(1-s)\overrightarrow{OA}+\frac{3}{7}s\overrightarrow{OB}$$

また，Pは線分BC上にあるから，実数tを用いて

$$\overrightarrow{OP}=(1-t)\overrightarrow{OC}+t\overrightarrow{OB}=\frac{3}{5}(1-t)\overrightarrow{OA}+t\overrightarrow{OB}$$

$\overrightarrow{OA}$，$\overrightarrow{OB}$は１次独立であるから

$$\begin{cases}1-s=\dfrac{3}{5}(1-t)\\[2mm] \dfrac{3}{7}s=t\end{cases}\qquad\therefore\quad\begin{cases}t=\dfrac{3}{13}\\[2mm] s=\dfrac{7}{13}\end{cases}$$

したがって，求める$\overrightarrow{OP}$は

$$\overrightarrow{OP}=\frac{6}{13}\overrightarrow{OA}+\frac{3}{13}\overrightarrow{OB}\quad\text{答}$$

また，t，sの値より

BP：PC＝10：3

AP：PD＝7：6

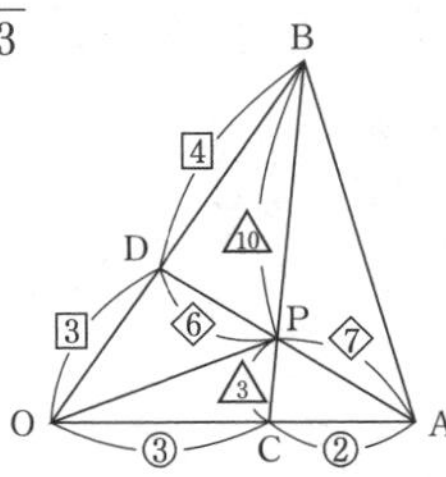

とわかるから，△OABの面積をSとすると

$$S_1=S\times\frac{3}{13}=\frac{3}{13}S,\quad S_2=S\times\frac{3}{5}\times\frac{10}{13}\times\frac{4}{7}=\frac{24}{91}S$$

したがって　　$S_1:S_2=\dfrac{3}{13}:\dfrac{24}{91}=7:8$　答

Process

$\overrightarrow{OP}$を$\overrightarrow{OA}$と$\overrightarrow{OB}$を用いて，２通りで表す

↓

１次独立の性質を使って，係数を比較する

核心はココ！

共線条件はベクトルの基本！

88 内心の位置ベクトル Lv.★★★

問題は51ページ

考え方 $\angle$A の 2 等分線と辺 BC の交点を D とすると，角の 2 等分線の性質より AB：AC＝BD：CD が成り立つ。$\angle$B の 2 等分線についても同様の性質が成り立つので，それらを用いて，分点の位置ベクトルを考える。△ABC の面積は，様々なアプローチがあるが，ここでは，ベクトルの内積を利用する公式を用いる。

解答

$\angle$A の 2 等分線と辺 BC の交点を D とすると

$$BD : DC = AB : AC = 3 : 2$$

であるから

$$\overrightarrow{AD} = \frac{2\overrightarrow{AB}+3\overrightarrow{AC}}{5}$$

$$= \frac{2}{5}\overrightarrow{AB}+\frac{3}{5}\overrightarrow{AC}$$

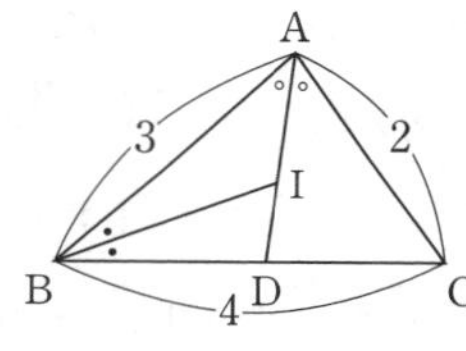

また，BI は $\angle$B の 2 等分線なので

$$AI : ID = AB : BD = 3 : \left(4\times\frac{3}{5}\right) = 5 : 4$$

よって $$\overrightarrow{\mathbf{AI}} = \frac{5}{9}\overrightarrow{AD} = \frac{2}{9}\overrightarrow{\mathbf{AB}}+\frac{1}{3}\overrightarrow{\mathbf{AC}}$$ 答

また，$|\overrightarrow{BC}|^2 = |\overrightarrow{AC}-\overrightarrow{AB}|^2$ から

$$16 = |\overrightarrow{AC}|^2-2\overrightarrow{AC}\cdot\overrightarrow{AB}+|\overrightarrow{AB}|^2$$

$$= 4-2\overrightarrow{AB}\cdot\overrightarrow{AC}+9 \qquad \therefore \quad \overrightarrow{AB}\cdot\overrightarrow{AC} = -\frac{3}{2}$$

したがって

$$\triangle\mathbf{ABC} = \frac{1}{2}\sqrt{|\overrightarrow{AB}|^2|\overrightarrow{AC}|^2-(\overrightarrow{AB}\cdot\overrightarrow{AC})^2} = \frac{3\sqrt{15}}{4}$$ 答

また，AD：ID＝9：4 より

$$\triangle\mathbf{IBC} = \frac{4}{9}\triangle ABC = \frac{\sqrt{15}}{3}$$ 答

Process

角の 2 等分線の性質を利用する

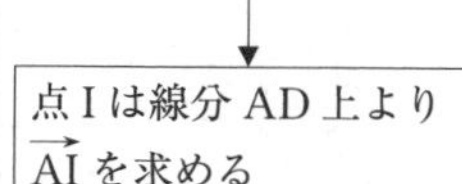

点 I は線分 AD 上より $\overrightarrow{AI}$ を求める

内心は三角形の内角の 2 等分線の交点。角の 2 等分線の性質から内分の比を求めよ！

89 外心の位置ベクトル Lv.★★★

問題は52ページ

考え方 点Oは△ABCの外心であることから

$OA=OB=OC$ ……(＊)

が成り立つことに着目しよう。

(1) まずは始点をAにそろえる。(＊)の条件を使うために，半径をrとおいて考えよう。

(2) $\overrightarrow{AO}=x\overrightarrow{AB}+y\overrightarrow{AC}$とおいて，$x$，$y$に成り立つ関係式を2つ求めればよい。

解答

(1) 円Oの半径をrとすると

$|\overrightarrow{OB}|^2=|\overrightarrow{AB}-\overrightarrow{AO}|^2=|\overrightarrow{AB}|^2-2\overrightarrow{AB}\cdot\overrightarrow{AO}+|\overrightarrow{AO}|^2$

$r^2=2^2-2\overrightarrow{AB}\cdot\overrightarrow{AO}+r^2$

$\therefore\ \ \overrightarrow{AB}\cdot\overrightarrow{AO}=2$ 答

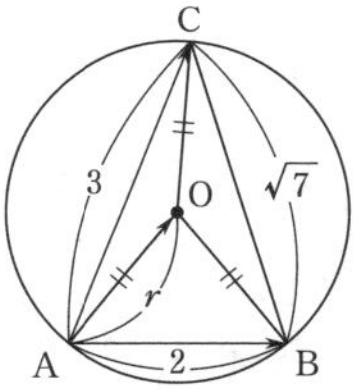

同様にして

$|\overrightarrow{OC}|^2=|\overrightarrow{AC}-\overrightarrow{AO}|^2$

$=|\overrightarrow{AC}|^2-2\overrightarrow{AC}\cdot\overrightarrow{AO}+|\overrightarrow{AO}|^2$

$r^2=3^2-2\overrightarrow{AC}\cdot\overrightarrow{AO}+r^2$

$\therefore\ \ \overrightarrow{AC}\cdot\overrightarrow{AO}=\dfrac{9}{2}$ 答

(2) 点Oは平面ABC上の点であるから

$\overrightarrow{AO}=x\overrightarrow{AB}+y\overrightarrow{AC}$ (x，yは実数)

とおくことができて，(1)の結果より

$$\begin{cases}\overrightarrow{AB}\cdot\overrightarrow{AO}=x|\overrightarrow{AB}|^2+y\overrightarrow{AB}\cdot\overrightarrow{AC}=2 & \cdots\cdots①\\ \overrightarrow{AC}\cdot\overrightarrow{AO}=x\overrightarrow{AB}\cdot\overrightarrow{AC}+y|\overrightarrow{AC}|^2=\dfrac{9}{2} & \cdots\cdots②\end{cases}$$

ここで，$BC=\sqrt{7}$より

$|\overrightarrow{BC}|^2=|\overrightarrow{AC}-\overrightarrow{AB}|^2=|\overrightarrow{AC}|^2-2\overrightarrow{AC}\cdot\overrightarrow{AB}+|\overrightarrow{AB}|^2$

$(\sqrt{7})^2=3^2-2\overrightarrow{AC}\cdot\overrightarrow{AB}+2^2$

$\therefore\ \ \overrightarrow{AB}\cdot\overrightarrow{AC}=3$ ……③

①，②，③より

$$\begin{cases}4x+3y=2\\ 3x+9y=\dfrac{9}{2}\end{cases}\quad\therefore\ \begin{cases}x=\dfrac{1}{6}\\ y=\dfrac{4}{9}\end{cases}$$

したがって

$\overrightarrow{AO}=\dfrac{1}{6}\overrightarrow{AB}+\dfrac{4}{9}\overrightarrow{AC}$ 答

Process

OA, OB, OCは△ABCの外接円の半径

↓

始点をAに変え，目的の内積を作り出す

（3）BD // AC より，実数 $t(\neq 0)$ を用いて $\overrightarrow{BD}=t\overrightarrow{AC}$ とおけるから

$$\overrightarrow{AD}=\overrightarrow{AB}+t\overrightarrow{AC}$$

$$\therefore\quad \overrightarrow{OD}=-\overrightarrow{AO}+\overrightarrow{AB}+t\overrightarrow{AC}$$

したがって

$$|\overrightarrow{OD}|^2=|-\overrightarrow{AO}+\overrightarrow{AB}+t\overrightarrow{AC}|^2$$
$$=|\overrightarrow{AO}|^2+|\overrightarrow{AB}|^2+t^2|\overrightarrow{AC}|^2$$
$$+2(-\overrightarrow{AO}\cdot\overrightarrow{AB}+t\overrightarrow{AB}\cdot\overrightarrow{AC}-t\overrightarrow{AC}\cdot\overrightarrow{AO})$$

$|\overrightarrow{OD}|=|\overrightarrow{AO}|$ および①，②，③より

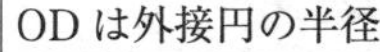

$$2^2+t^2\cdot 3^2+2\left(-2+t\cdot 3-t\cdot\frac{9}{2}\right)=0$$

$$\therefore\quad t=\frac{1}{3}\quad(\because\quad t\neq 0)$$

したがって　$\overrightarrow{\mathbf{AD}}=1\cdot\overrightarrow{\mathbf{AB}}+\frac{1}{3}\overrightarrow{\mathbf{AC}}$ 答

（4）E は直線 AO 上の点であるから，k を実数とすると

$$\overrightarrow{AE}=k\overrightarrow{AO}=\frac{k}{6}\overrightarrow{AB}+\frac{4}{9}k\overrightarrow{AC}$$

E は直線 CD 上の点であるから，l を実数とすると

$$\overrightarrow{AE}=l\overrightarrow{AC}+(1-l)\overrightarrow{AD}$$
$$=l\overrightarrow{AC}+(1-l)\left(\overrightarrow{AB}+\frac{1}{3}\overrightarrow{AC}\right)$$
$$=(1-l)\overrightarrow{AB}+\left(\frac{1}{3}+\frac{2}{3}l\right)\overrightarrow{AC}$$

$\overrightarrow{AB}$ と $\overrightarrow{AC}$ は1次独立であるから

$$\begin{cases}\frac{k}{6}=1-l\\ \frac{4}{9}k=\frac{1}{3}+\frac{2}{3}l\end{cases}\qquad\therefore\qquad\begin{cases}k=\frac{9}{5}\\ l=\frac{7}{10}\end{cases}$$

したがって　**CE：DE**$=(1-l):l=$**3：7** 答

外心 O は三角形 ABC の外接円の中心。
OA = OB = OC を利用しよう

90 垂心の位置ベクトル Lv.★★★

問題は52ページ

考え方 (1) 点Cは直線OA上の点であるから，実数tを用いて$\overrightarrow{OC}=t\overrightarrow{OA}$とおける。あとは$t$に関する方程式を1つ導けばよい。ベクトルの垂直条件を考えよう。
(2) $\overrightarrow{OA}\perp\overrightarrow{BH}$，$\overrightarrow{OB}\perp\overrightarrow{AH}$から，ベクトルの垂直条件より$u$，$v$についての連立方程式を導くことができる。

解答

(1) $\overrightarrow{OC}=t\overrightarrow{OA}$（$t$は実数）とおく。
$\overrightarrow{OA}\perp\overrightarrow{BC}$より

$$\overrightarrow{OA}\cdot\overrightarrow{BC}=0$$
$$\overrightarrow{OA}\cdot(\overrightarrow{OC}-\overrightarrow{OB})=0$$
$$\overrightarrow{OA}\cdot(t\overrightarrow{OA}-\overrightarrow{OB})=0$$
$$t|\overrightarrow{OA}|^2-\overrightarrow{OA}\cdot\overrightarrow{OB}=0$$

$|\overrightarrow{OA}|\neq 0$より

$$\therefore\quad t=\frac{\overrightarrow{OA}\cdot\overrightarrow{OB}}{|\overrightarrow{OA}|^2}$$

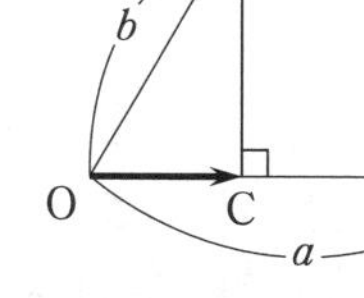

したがって

$$\overrightarrow{OC}=\frac{\overrightarrow{OA}\cdot\overrightarrow{OB}}{|\overrightarrow{OA}|^2}\overrightarrow{OA}=\frac{k}{a^2}\overrightarrow{OA}$$ 答

(2) $\overrightarrow{OH}=u\overrightarrow{OA}+v\overrightarrow{OB}$（$u$，$v$は実数）とおく。
$\overrightarrow{OA}\perp\overrightarrow{BH}$，$\overrightarrow{OB}\perp\overrightarrow{AH}$より

$$\begin{cases}\overrightarrow{OA}\cdot\overrightarrow{BH}=0\\ \overrightarrow{OB}\cdot\overrightarrow{AH}=0\end{cases}\iff\begin{cases}u|\overrightarrow{OA}|^2+(v-1)\overrightarrow{OA}\cdot\overrightarrow{OB}=0\\ (u-1)\overrightarrow{OA}\cdot\overrightarrow{OB}+v|\overrightarrow{OB}|^2=0\end{cases}$$

$|\overrightarrow{OA}|=\sqrt{2}$，$|\overrightarrow{OB}|=1$，$\overrightarrow{OA}\cdot\overrightarrow{OB}=k$であるから

$$\begin{cases}2u+k(v-1)=0 & \cdots\cdots\text{①}\\ (u-1)k+v=0 & \cdots\cdots\text{②}\end{cases}$$

①－②×kから

$$(2-k^2)u=k-k^2$$

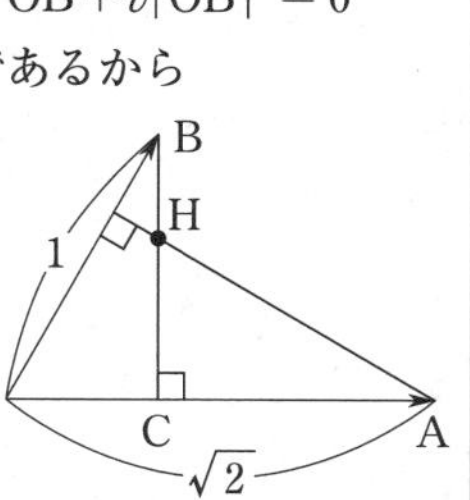

ここで

$$k=\overrightarrow{OA}\cdot\overrightarrow{OB}$$
$$=\sqrt{2}\cdot 1\cdot\cos\angle BOA$$

より$-\sqrt{2}<k<\sqrt{2}$　すなわち　$k\neq\sqrt{2}$であるから

$$u=\frac{k^2-k}{k^2-2}$$ 答

Process

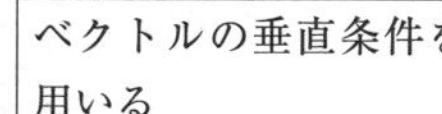

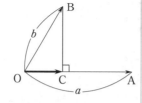

ベクトルの垂直条件を用いる

このとき，②より

$$v=\frac{k^2-2k}{k^2-2}$$ 答

別解 (1)は $\overrightarrow{\mathrm{OA}}$ の単位ベクトルを用いる方法もある。

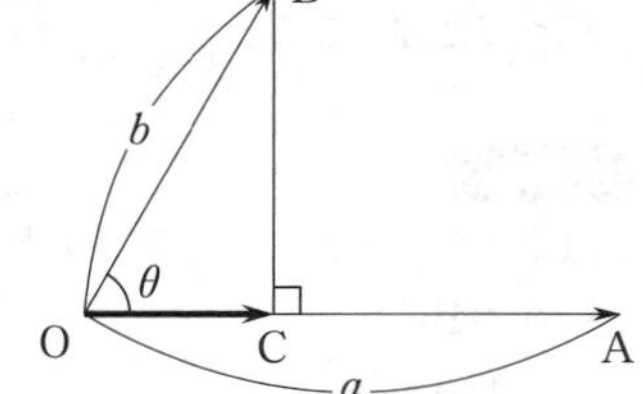

$\angle\mathrm{AOB}=\theta$ とおくと

$$|\overrightarrow{\mathrm{OC}}|=b\cos\theta$$

$\overrightarrow{\mathrm{OA}}\cdot\overrightarrow{\mathrm{OB}}=k$ より

$$k=ab\cos\theta \qquad \therefore\quad |\overrightarrow{\mathrm{OC}}|=b\cos\theta=\frac{k}{a}$$

したがって，求めるベクトル $\overrightarrow{\mathrm{OC}}$ は

$$\overrightarrow{\mathrm{OC}}=|\overrightarrow{\mathrm{OC}}|\times\frac{\overrightarrow{\mathrm{OA}}}{|\overrightarrow{\mathrm{OA}}|}=\frac{k}{a}\times\frac{\overrightarrow{\mathrm{OA}}}{a}=\frac{k}{a^2}\overrightarrow{\mathrm{OA}}\left(=\frac{\overrightarrow{\mathrm{OA}}\cdot\overrightarrow{\mathrm{OB}}}{|\overrightarrow{\mathrm{OA}}|^2}\overrightarrow{\mathrm{OA}}\right)\cdots\cdots\cdots\cdots\cdots(*)$$

解説 本問の $\overrightarrow{\mathrm{OC}}$ を

$\overrightarrow{\mathrm{OB}}$ の $\overrightarrow{\mathrm{OA}}$ への正射影ベクトル

という。正射影ベクトルの考え方を知っていると，様々なベクトルの問題で有効となる。是非，その考え方を身につけて，積極的に活用しよう。

たとえば，三角形の面積の公式

$$(\triangle\mathrm{OAB}\text{の面積})=\frac{1}{2}\sqrt{|\overrightarrow{\mathrm{OA}}|^2|\overrightarrow{\mathrm{OB}}|^2-(\overrightarrow{\mathrm{OA}}\cdot\overrightarrow{\mathrm{OB}})^2}$$

を次のように導くことができる。

△OABにおいて，点BからOAに引いた垂線とOAとの交点をCとする。

また，$\overrightarrow{\mathrm{OA}}=\vec{a}$，$\overrightarrow{\mathrm{OB}}=\vec{b}$ とする。三平方の定理と(＊)より(**別解**の図も参照せよ)

$$\mathrm{BC}=\sqrt{\mathrm{OB}^2-\mathrm{OC}^2}=\sqrt{|\vec{b}|^2-\left|\frac{\vec{a}\cdot\vec{b}}{|\vec{a}|^2}\vec{a}\right|^2}=\frac{\sqrt{|\vec{a}|^2|\vec{b}|^2-(\vec{a}\cdot\vec{b})^2}}{|\vec{a}|}$$

$$\therefore\quad(\triangle\mathrm{OAB}\text{の面積})=\frac{1}{2}\mathrm{OA}\cdot\mathrm{BC}=\frac{1}{2}\sqrt{|\vec{a}|^2|\vec{b}|^2-(\vec{a}\cdot\vec{b})^2}$$ (証終)

2つのベクトルが垂直のときは
(内積)＝0をうまく使おう

91 円のベクトル方程式 Lv.★★★

問題は53ページ

考え方 (2)(1)の結果を利用しながら「図形的な意味がわかる形」に $\overrightarrow{p}$ の式を変形する。K_2 が円であることを示すので，本問では円のベクトル方程式
$|\overrightarrow{p}-(\text{定ベクトル})|=r\ (>0)$ の形を作ろう。

(3) 円 K_2 の内部に点Aが含まれるためには

(点Aと円 K_2 の中心との距離) < (円 K_2 の半径)

となることを利用しよう。

解答

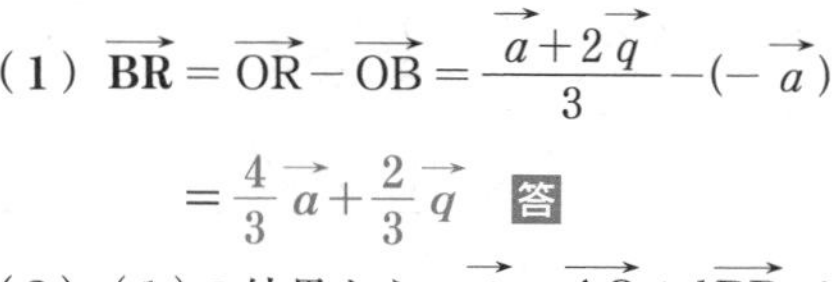

(1) $\overrightarrow{\mathrm{BR}}=\overrightarrow{\mathrm{OR}}-\overrightarrow{\mathrm{OB}}=\dfrac{\overrightarrow{a}+2\overrightarrow{q}}{3}-(-\overrightarrow{a})$

$=\dfrac{4}{3}\overrightarrow{a}+\dfrac{2}{3}\overrightarrow{q}$ 答

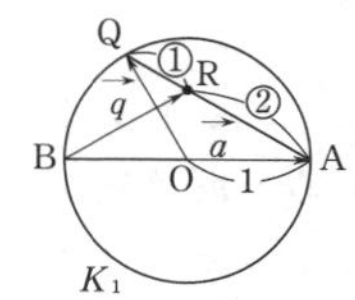

(2) (1)の結果から，$\overrightarrow{p}=\overrightarrow{\mathrm{AQ}}+k\overrightarrow{\mathrm{BR}}$ は

$$\overrightarrow{p}=(\overrightarrow{q}-\overrightarrow{a})+k\left(\frac{4}{3}\overrightarrow{a}+\frac{2}{3}\overrightarrow{q}\right)=\frac{4k-3}{3}\overrightarrow{a}+\frac{2k+3}{3}\overrightarrow{q}$$

$$\therefore\quad \overrightarrow{p}-\frac{4k-3}{3}\overrightarrow{a}=\frac{2k+3}{3}\overrightarrow{q}$$

と変形できる。Qは円 K_1 の周上を動くから $|\overrightarrow{q}|=1$ より

$$\left|\overrightarrow{p}-\frac{4k-3}{3}\overrightarrow{a}\right|=\frac{2k+3}{3}\quad\left(\because\ k>0 \text{ より } \frac{2k+3}{3}>0\right)$$

したがって，点Pは円上にあり

中心の位置ベクトルは $\dfrac{4k-3}{3}\overrightarrow{a}$，半径は $\dfrac{2k+3}{3}$ 答

(3) 点Aが円 K_2 の内部に含まれる条件は

$$\left|\overrightarrow{a}-\frac{4k-3}{3}\overrightarrow{a}\right|<\frac{2k+3}{3}\iff\left|\frac{6-4k}{3}\right||\overrightarrow{a}|<\frac{2k+3}{3}$$

$|\overrightarrow{a}|=1$ であるから　$|6-4k|<2k+3$

$2k+3>0$ より

$$-(2k+3)<6-4k<2k+3\qquad\therefore\quad \frac{1}{2}<k<\frac{9}{2}$$ 答

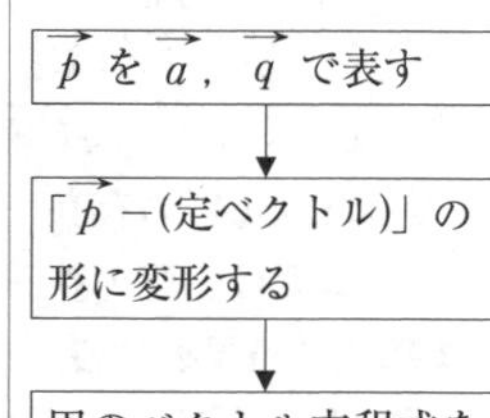

核心はココ!

図形的な意味がわかる形に式を変形しよう

92 ベクトルの終点の存在範囲 Lv.★★★

問題は53ページ

考え方 (1) ベクトルの終点の存在範囲に関する問題。考え方の基本は

(i) $\overrightarrow{OP}=s\overrightarrow{OX}+t\overrightarrow{OY}$, $s+t\leqq 1$, $s\geqq 0$, $t\geqq 0$

$\Longleftrightarrow$ 点Pは△OXYの周および内部の点

(ii) $\overrightarrow{OP}=s\overrightarrow{OX}+t\overrightarrow{OY}$, $s+t=1$, $s\geqq 0$, $t\geqq 0$ $\Longleftrightarrow$ 点Pは線分XY上の点

の2つがあるが，本問では与えられた条件から(i)を利用できないかを考える。

解答

(1) (a) $\vec{a}+\vec{b}=\overrightarrow{CD}$ とおくと

$\overrightarrow{CP}=s\overrightarrow{CA}+t\overrightarrow{CD}$

$(0\leqq s+t\leqq 1,\ s\geqq 0,\ t\geqq 0)$

よって，点Pの存在する範囲は右図の斜線部分（境界を含む）となる。 答

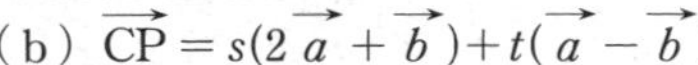

(b) $\overrightarrow{CP}=s(2\vec{a}+\vec{b})+t(\vec{a}-\vec{b})$

より，$2\vec{a}+\vec{b}=\overrightarrow{CE}$，$\vec{a}-\vec{b}=\overrightarrow{CF}$ とおくと

$\overrightarrow{CP}=s\overrightarrow{CE}+t\overrightarrow{CF}$ $(0\leqq s+t\leqq 1,\ s\geqq 0,\ t\geqq 0)$

よって，点Pの存在する範囲は右図の斜線部分(境界を含む)となる。 答

(2) (a) $\overrightarrow{CA} /\!/ \overrightarrow{BD}$ より

△ADC＝△ABCである。よって

1倍 答

(b) △CFEの辺CFを底辺とみると，上図より，△CFEの高さは△AFCの高さの3倍。△ABC＝△AFCなので

3倍 答

Process

図形的な性質が読み取れるように式を変形

↓

図示する

$\overrightarrow{CP}$ を s, t についてまとめる

↓

それぞれ，1つのベクトルで置きなおす

終点の存在範囲は，与式を図形的な性質が読み取れる形に変形して求めよう！

93 ベクトルの等式と内積 Lv.★★★

問題は54ページ

考え方 等式 $l\vec{a}+m\vec{b}+n\vec{c}=\vec{0}$ と各ベクトルの大きさについての条件が与えられたとき，たとえば内積 $\vec{a}\cdot\vec{b}$ の値を求めたいならば，$\vec{c}$ を $\vec{a}$，$\vec{b}$ で表し，$|\vec{c}|^2$ を考えるとよい。また，本問では各ベクトルの大きさについての条件が比例式で与えられているので，「$=k$」とおいて考えるとよい。

解答

（1）2つの条件は，$k>0$ として

$$|\vec{a}|=2k,\ |\vec{b}|=3\sqrt{2}\,k,\ |\vec{c}|=3\sqrt{3}\,k \quad \cdots\cdots①$$

$$\vec{c}=-\frac{3\sqrt{3}}{2}\vec{a}-\frac{3\sqrt{2}}{2}\vec{b} \quad \cdots\cdots②$$

のように表される。

②から $\quad |\vec{c}|^2=\frac{27}{4}|\vec{a}|^2+\frac{9\sqrt{6}}{2}\vec{a}\cdot\vec{b}+\frac{9}{2}|\vec{b}|^2$

①を代入して整理すると $\quad \vec{a}\cdot\vec{b}=-3\sqrt{6}\,k^2 \quad \cdots\cdots③$

ベクトル $\vec{a}$，$\vec{b}$ のなす角を θ $(0°\leqq\theta\leqq 180°)$ とすると

$$\cos\theta=\frac{\vec{a}\cdot\vec{b}}{|\vec{a}||\vec{b}|}=-\frac{3\sqrt{6}\,k^2}{6\sqrt{2}\,k^2}=-\frac{\sqrt{3}}{2}$$

したがって，求める角度は $\quad \theta=150°$ 答

（2）$\vec{a}$，$\vec{b}$ は1次独立であるから $t\vec{a}-\vec{c}\neq\vec{0}$。ここで②を用いて

$$t\vec{a}-\vec{c}=\left(t+\frac{3\sqrt{3}}{2}\right)\vec{a}+\frac{3\sqrt{2}}{2}\vec{b}$$

これが $\vec{b}$ と直交するためには

$$(t\vec{a}-\vec{c})\cdot\vec{b}=\left(t+\frac{3\sqrt{3}}{2}\right)\vec{a}\cdot\vec{b}+\frac{3\sqrt{2}}{2}|\vec{b}|^2=0$$

①，③を代入して整理すると，$k>0$ より

$$t+\frac{3\sqrt{3}}{2}=3\sqrt{3} \qquad \therefore\ t=\frac{3\sqrt{3}}{2}$$ 答

Process

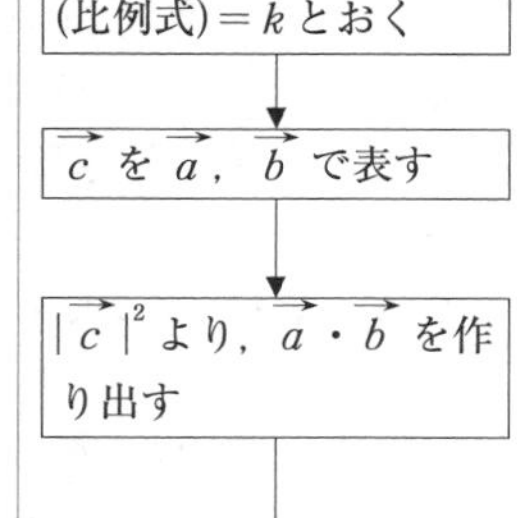
(比例式)$=k$ とおく
$\vec{c}$ を $\vec{a}$，$\vec{b}$ で表す
$|\vec{c}|^2$ より，$\vec{a}\cdot\vec{b}$ を作り出す
内積の値から $\cos\theta$ を求め，θ を決定する。

核心はココ！

ベクトルのなす角は内積から攻めよ！

第9章 ベクトル

94 反転 Lv.★★★

問題は54ページ

考え方 （1）まず，軌跡を求める点Qの座標を設定しよう。条件（a）が $\overrightarrow{OP}=k\overrightarrow{OQ}$（$k$ は正の実数）と表せることと，条件（b）を利用すれば，k が求まる。あとは，パラメータである点Pについて整理し，パラメータの関係式に代入すればよい。

（2）円と直線が交わる条件は，「（円の中心と直線との距離）＜（円の半径）」が成り立つことであるが，本問は（原点Oと直線との距離）と（円の直径）の関係を調べたほうがラク。

解答

（1） Oを原点とし，点A$(r,\ 0)$となるように x 軸，y 軸をとると，円 C の方程式は

$$C:(x-r)^2+y^2=r^2 \quad \cdots①$$

と表せる。

また，Q$(x,\ y)$とおくと，条件（a）より

$$\overrightarrow{OP}=k\overrightarrow{OQ}=k(x,\ y)$$
$$(k>0) \quad \cdots\cdots\cdots\cdots\cdots②$$

と表せる。$x^2+y^2=0$ のとき，$(x,\ y)=(0,\ 0)$となり，条件（b）をみたさないから，$x^2+y^2\neq0$ である。よって，条件（b）より

$$(k\sqrt{x^2+y^2})\cdot\sqrt{x^2+y^2}=1$$

$$\therefore \quad k=\frac{1}{x^2+y^2}$$

②より点Pの座標は $\left(\dfrac{x}{x^2+y^2},\ \dfrac{y}{x^2+y^2}\right)$ であり，点Pは C 上を動くから①より

$$\left(\frac{x}{x^2+y^2}-r\right)^2+\left(\frac{y}{x^2+y^2}\right)^2=r^2$$

$$(x^2+y^2)(1-2rx)=0$$

$x^2+y^2\neq0$ より

$$1-2rx=0 \qquad \therefore \quad x=\frac{1}{2r}$$

したがって，Qは $\overrightarrow{OA}$ に直交する直線上を動く。　　（証終）

Process

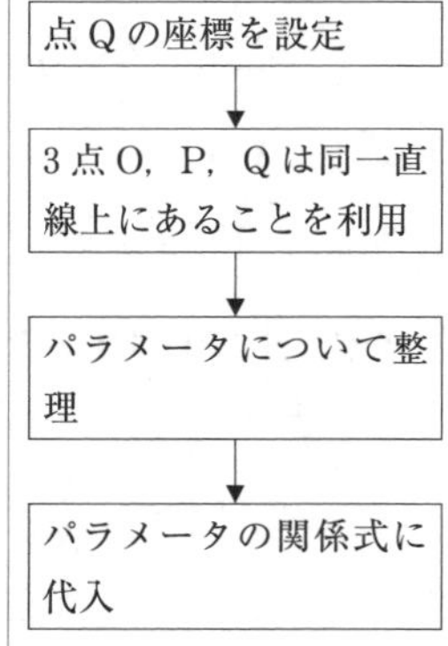
点Qの座標を設定
3点O，P，Qは同一直線上にあることを利用
パラメータについて整理
パラメータの関係式に代入

（2）原点Oから直線 l までの距離は $\frac{1}{2r}$ であるから，
l と C が異なる2点で交わる条件は

$$0 < \frac{1}{2r} < 2r$$

である。$r > 0$ より

$$r^2 > \frac{1}{4} \quad \therefore \quad r > \frac{1}{2}$$ 答

軌跡を求めるときには
パラメータについて整理し，関係式に代入！

95 四面体とベクトル Lv.★★★

問題は55ページ

考え方 （1）$\overrightarrow{OP}$ は $\overrightarrow{OD}$，$\overrightarrow{OE}$ を用いて表せるから，$\overrightarrow{OD}$，$\overrightarrow{OE}$ を $\vec{a}$，$\vec{b}$，$\vec{c}$ を用いて表せばよい。また，点 Q は直線 OP 上にあるから，$\overrightarrow{OQ}=k\overrightarrow{OP}$ とおけて，k の値がわかれば，求める辺の比もわかる。Q は平面 ABC 上の点であるから，$\vec{a}$，$\vec{b}$，$\vec{c}$ を用いて表したとき，共面条件より係数の和が 1 となることに着目する。

（2）△ABQ と △ABC の面積比は，AB を底辺としたときの高さの比に等しい。まずは，点 Q が平面 ABC 上でどのような点であるかを調べよう。

解答

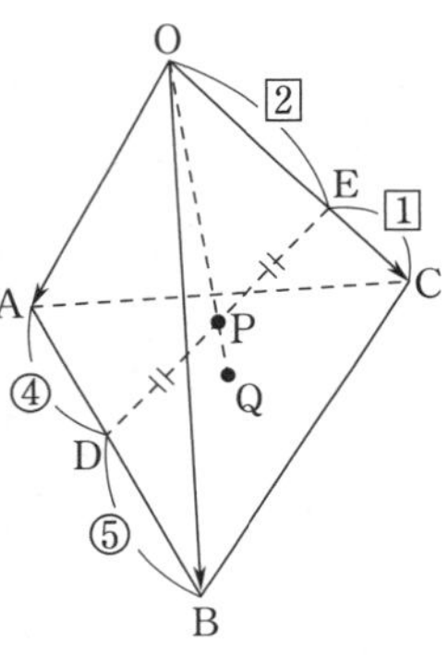

（1）$\overrightarrow{OP}=\dfrac{\overrightarrow{OD}+\overrightarrow{OE}}{2}$

$$=\frac{1}{2}\left(\frac{5\vec{a}+4\vec{b}}{9}+\frac{2}{3}\vec{c}\right)$$

$$=\frac{5}{18}\vec{a}+\frac{2}{9}\vec{b}+\frac{1}{3}\vec{c} \quad \text{答}$$

また，点 Q は直線 OP 上にあるから

$\overrightarrow{OQ}=k\overrightarrow{OP}$ （k は実数）

$$=\frac{5}{18}k\vec{a}+\frac{2}{9}k\vec{b}+\frac{1}{3}k\vec{c}$$

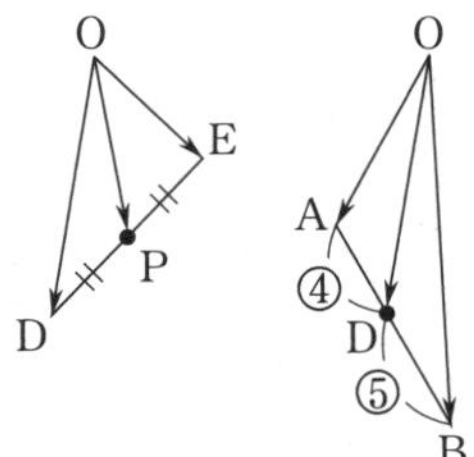

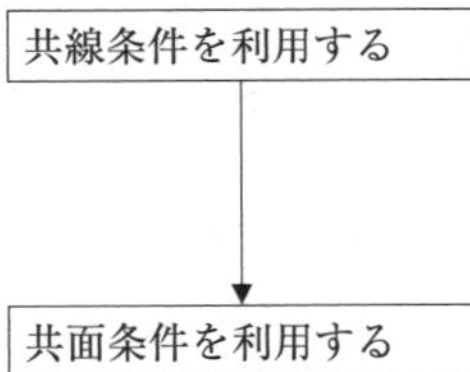

Process: 共線条件を利用する → 共面条件を利用する

Q は平面 ABC 上にあるから

$$\frac{5}{18}k+\frac{2}{9}k+\frac{1}{3}k=1$$

$$\therefore\quad k=\frac{6}{5}$$

したがって，$\overrightarrow{OQ}=\dfrac{6}{5}\overrightarrow{OP}$ であるから

$$|\overrightarrow{OP}|:|\overrightarrow{OQ}|=5:6 \quad \text{答}$$

（2）（1）より

Process: 点 Q の位置を考える

$$\overrightarrow{OQ}=\frac{6}{5}\overrightarrow{OP}=\frac{5\vec{a}+4\vec{b}+6\vec{c}}{15}$$

であるから

$$\overrightarrow{CQ}=\overrightarrow{OQ}-\overrightarrow{OC}=\frac{5\vec{a}+4\vec{b}-9\vec{c}}{15}$$

また

$$\overrightarrow{CD}=\overrightarrow{OD}-\overrightarrow{OC}=\frac{5\vec{a}+4\vec{b}-9\vec{c}}{9}$$

より

$$\overrightarrow{CD}=\frac{5}{3}\overrightarrow{CQ}$$

したがって，3点C，Q，Dは同一直線上にあり，Qは線分CDを3：2に内分する点である。辺ABを底辺としたときの△ABQの高さをh_1，△ABCの高さをh_2とすると，△ABQと△ABCの面積比△ABQ：△ABCは

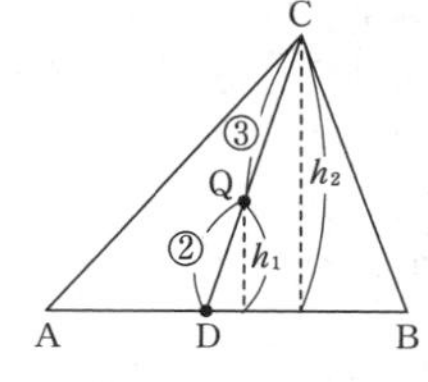

$$\triangle ABQ : \triangle ABC = h_1 : h_2 = DQ : DC = 2 : 5$$ 答

面積比を高さの比で考える

解説　（2）では，Cを始点にしてQの位置を考えたが，Oを始点にして

$$\overrightarrow{OQ}=\frac{6}{5}\left(\frac{5}{18}\vec{a}+\frac{2}{9}\vec{b}+\frac{1}{3}\vec{c}\right)=\frac{3}{5}\left(\frac{5}{9}\vec{a}+\frac{4}{9}\vec{b}\right)+\frac{2}{5}\vec{c}$$

$$=\frac{3\overrightarrow{OD}+2\overrightarrow{OC}}{5}$$

としてもよい。

直線と平面の交点は
共線条件と共面条件を連立して得られる

96 平面上の点 Lv.★★★

問題は55ページ

考え方 (2) $\overrightarrow{PS}$ も(1)と同様に $\vec{a}$, $\vec{b}$, $\vec{c}$ を用いて表し, $k\overrightarrow{PQ}+l\overrightarrow{PR}$ から得られるベクトルとの係数比較を行う。

解答

(1) $\overrightarrow{OP}=\dfrac{1}{3}\overrightarrow{OA}=\dfrac{1}{3}\vec{a}$ ………①

$\overrightarrow{OQ}=\dfrac{2\overrightarrow{OA}+\overrightarrow{OC}}{3}=\dfrac{2}{3}\vec{a}+\dfrac{1}{3}\vec{c}$

$\overrightarrow{OR}=\dfrac{3\overrightarrow{OB}+2\overrightarrow{OC}}{5}=\dfrac{3}{5}\vec{b}+\dfrac{2}{5}\vec{c}$

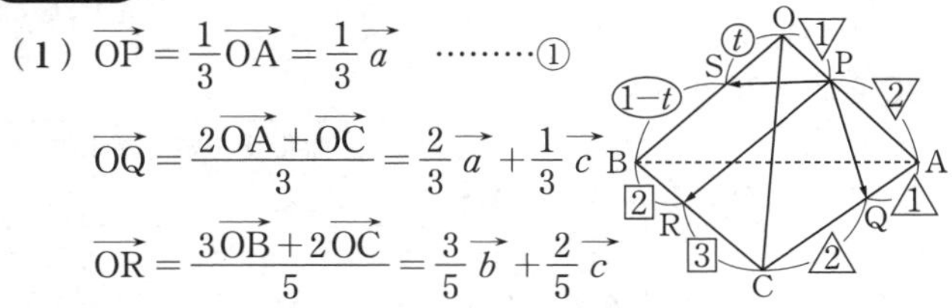

したがって

$$\left.\begin{array}{l}\overrightarrow{\mathbf{PQ}}=\overrightarrow{OQ}-\overrightarrow{OP}=\dfrac{1}{3}\vec{a}+\dfrac{1}{3}\vec{c}\\[2ex]\overrightarrow{\mathbf{PR}}=\overrightarrow{OR}-\overrightarrow{OP}=\dfrac{3}{5}\vec{b}+\dfrac{2}{5}\vec{c}-\dfrac{1}{3}\vec{a}\end{array}\right\}$$ 答

(2) (1)と同様に

$\overrightarrow{PS}=\overrightarrow{OS}-\overrightarrow{OP}=t\vec{b}-\dfrac{1}{3}\vec{a}$

また, $\overrightarrow{PS}=k\overrightarrow{PQ}+l\overrightarrow{PR}$ と表せるとき(1)より

$$-\frac{1}{3}\vec{a}+t\vec{b}=\frac{k-l}{3}\vec{a}+\frac{3}{5}l\vec{b}+\left(\frac{k}{3}+\frac{2}{5}l\right)\vec{c}$$

$\vec{a}$, $\vec{b}$, $\vec{c}$ は1次独立だから

$\dfrac{k-l}{3}=-\dfrac{1}{3}$ …………①　　$\dfrac{3}{5}l=t$ …………②

$\dfrac{k}{3}+\dfrac{2}{5}l=0$ ………………………………③

①, ②, ③より, 求める t の値は　$t=\dfrac{3}{11}$ 答

Process

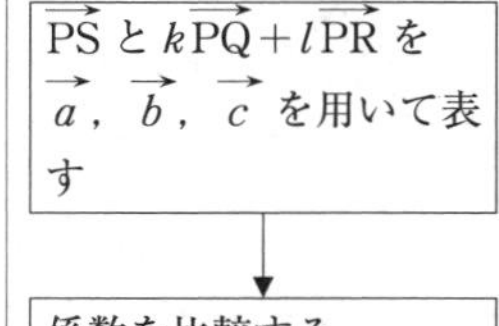

核心はココ!

係数値の存在条件は係数を求めようとすることで得られる

97 三角形の面積 Lv.★★★

問題は56ページ

考え方 点Cが y 軸上の点であるから，C$(0,\ t,\ 0)$（t は実数）とおくことができる。三角形の面積公式はいろいろあるが，本問では△ABCが空間内の三角形であることから，ベクトルを用いた公式を利用するとよい。すると，△ABCの面積を t を用いて表せる。その式を t の関数とみて，面積の最小値を考える。

解答

C$(0,\ t,\ 0)$（t は実数）とおける。このとき

$$\overrightarrow{AB}=\overrightarrow{OB}-\overrightarrow{OA}=(-6,\ 3,\ -2)$$

$$\overrightarrow{AC}=\overrightarrow{OC}-\overrightarrow{OA}=(-1,\ t-1,\ -2)$$

であるから

$$|\overrightarrow{AB}|^2=(-6)^2+3^2+(-2)^2=49$$

$$|\overrightarrow{AC}|^2=(-1)^2+(t-1)^2+(-2)^2=t^2-2t+6$$

$$\overrightarrow{AB}\cdot\overrightarrow{AC}=(-6)\cdot(-1)+3\cdot(t-1)+(-2)\cdot(-2)=3t+7$$

したがって，△ABCの面積を S とすると

$$S=\frac{1}{2}\sqrt{|\overrightarrow{AB}|^2|\overrightarrow{AC}|^2-(\overrightarrow{AB}\cdot\overrightarrow{AC})^2}$$

$$=\frac{1}{2}\sqrt{49(t^2-2t+6)-(3t+7)^2}$$

$$=\frac{1}{2}\sqrt{40t^2-140t+245}$$

$$=\frac{1}{2}\sqrt{40\left(t-\frac{7}{4}\right)^2+\frac{490}{4}}$$

t はすべての実数値をとるから，求める S の**最小値は**，$t=\dfrac{7}{4}$ のとき

$$\frac{1}{2}\sqrt{\frac{490}{4}}=\frac{7\sqrt{10}}{4}$$ 答

Process

点Cの座標を t を用いて表す

↓

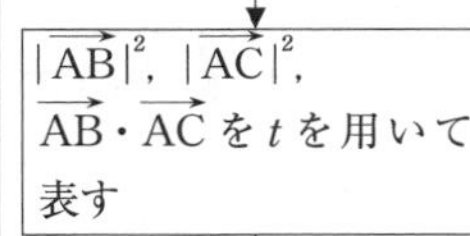

↓

△ABCの面積を t を用いて表す

＊別解 辺ABの長さが一定なので，辺ABを底辺としたときの高さが最小となる場合を考えてもよい。

直線AB上の点をHとする。s を実数とすると

$$\overrightarrow{OH}=\overrightarrow{OA}+s\overrightarrow{AB}=(1-6s,\ 1+3s,\ 2-2s)$$

と表せるから

$$\overrightarrow{CH}=\overrightarrow{OH}-\overrightarrow{OC}=(1-6s,\ 1+3s-t,\ 2-2s)$$

辺ABを底辺としたときの高さが最小となるのは

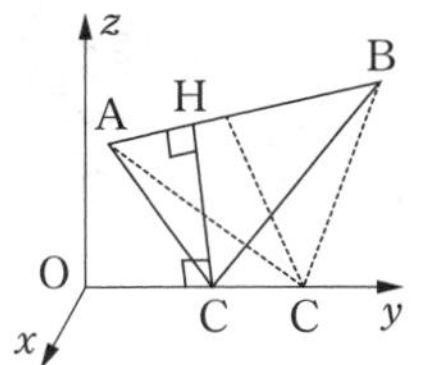

「$\overrightarrow{CH}\perp\overrightarrow{AB}$ かつ $\overrightarrow{CH}\perp(y軸)$」

のときであるからy軸の方向ベクトルを$\vec{e}=(0,\ 1,\ 0)$とおくと

$\overrightarrow{CH}\cdot\overrightarrow{AB}=0$　　$-3t-7+49s=0$　……①

$\overrightarrow{CH}\cdot\vec{e}=0$　　$1+3s-t=0$　……②

①，②より，$s=\dfrac{1}{4}$，$t=\dfrac{7}{4}$であるから

$$\overrightarrow{CH}=\left(-\frac{1}{2},\ 0,\ \frac{3}{2}\right)$$

$$\therefore\quad |\overrightarrow{CH}|=\sqrt{\left(-\frac{1}{2}\right)^2+\left(\frac{3}{2}\right)^2}=\frac{\sqrt{10}}{2}$$

したがって，求める△ABCの面積の最小値は

$$\frac{1}{2}\cdot|\overrightarrow{AB}|\cdot|\overrightarrow{CH}|=\frac{1}{2}\cdot7\cdot\frac{\sqrt{10}}{2}=\frac{7\sqrt{10}}{4}$$

空間内の三角形の面積は
ベクトルを用いて考えよう！

98 四面体の体積 Lv. ★★★

問題は56ページ

考え方 空間内の4点A，B，C，Dについて，四面体ABCDの体積を求める問題である。(1)で底面△ABCの面積を，(3)で高さDEを，それぞれ求めている。
(2)は(3)のための準備であり，(2)を利用して(3)を考える。$\overrightarrow{DE}$は，(2)で求めたベクトルと平行であることに注目してもよいし，正射影ベクトルを用いて考えてもよい。

解答

(1) $\overrightarrow{AB}=(2,\ 1,\ 1)$，$\overrightarrow{AC}=(-2,\ 2,\ -4)$

であるから

$$\overrightarrow{AB}\cdot\overrightarrow{AC}=2\cdot(-2)+1\cdot2+1\cdot(-4)=-6$$

$$|\overrightarrow{AB}|=\sqrt{2^2+1^2+1^2}=\sqrt{6}$$

$$|\overrightarrow{AC}|=\sqrt{(-2)^2+2^2+(-4)^2}=2\sqrt{6}$$

したがって

$$\cos\theta=\frac{\overrightarrow{AB}\cdot\overrightarrow{AC}}{|\overrightarrow{AB}||\overrightarrow{AC}|}=\frac{-6}{\sqrt{6}\cdot2\sqrt{6}}=-\frac{1}{2}$$ 答

であり，また

$$\triangle\mathbf{ABC}=\frac{1}{2}\sqrt{|\overrightarrow{AB}|^2|\overrightarrow{AC}|^2-(\overrightarrow{AB}\cdot\overrightarrow{AC})^2}$$

$$=\frac{1}{2}\sqrt{(\sqrt{6})^2\cdot(2\sqrt{6})^2-(-6)^2}$$

$$=3\sqrt{3}$$ 答

(2) 求めるベクトルを$\vec{n}=(x,\ y,\ z)$とおくと

$\overrightarrow{AB}\perp\vec{n}$より

$$\overrightarrow{AB}\cdot\vec{n}=2x+y+z=0 \quad\cdots\cdots①$$

$\overrightarrow{AC}\perp\vec{n}$より

$$\overrightarrow{AC}\cdot\vec{n}=-2x+2y-4z=0 \quad\cdots\cdots②$$

$x=1$とおくと，①，②はそれぞれ

$$y+z=-2,\ y-2z=1$$

$$\therefore\quad y=z=-1$$

よって，求めるベクトルの1つは$(1,\ -1,\ -1)$である。 答

Process

第1章 第2章 第3章 第4章 第5章 第6章 第7章 第8章 第9章

（3）（2）で求めたベクトルを $\overrightarrow{n_0}$ とおく。

$\overrightarrow{\mathrm{DE}} \parallel \overrightarrow{n_0}$ より

$$\overrightarrow{\mathrm{DE}} = k\overrightarrow{n_0} \quad (k \text{ は実数})$$

と表せるから

$$\overrightarrow{\mathrm{AE}} = \overrightarrow{\mathrm{AD}} + k\overrightarrow{n_0} = (1+k,\ 2-k,\ -4-k) \quad \cdots\cdots ③$$

また，E は平面 ABC 上の点であるから

$$\overrightarrow{\mathrm{AE}} = \alpha\overrightarrow{\mathrm{AB}} + \beta\overrightarrow{\mathrm{AC}} \quad (\alpha,\ \beta \text{ は実数})$$

$$= (2\alpha-2\beta,\ \alpha+2\beta,\ \alpha-4\beta) \quad \cdots\cdots ④$$

③，④より

$$\begin{cases} 1+k = 2\alpha-2\beta \\ 2-k = \alpha+2\beta \\ -4-k = \alpha-4\beta \end{cases} \quad \therefore \quad \begin{cases} \alpha = 1 \\ \beta = 1 \\ k = -1 \end{cases}$$

したがって

$$|\overrightarrow{\mathrm{DE}}| = |-\overrightarrow{n_0}| = \sqrt{(-1)^2+1^2+1^2} = \sqrt{3}$$ 答

（4）（1），（3）の結果から，四面体 ABCD の体積は

$$\frac{1}{3} \cdot \triangle\mathrm{ABC} \cdot |\overrightarrow{\mathrm{DE}}| = \frac{1}{3} \cdot 3\sqrt{3} \cdot \sqrt{3} = 3$$ 答

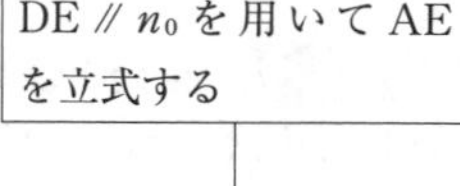

↓

点 E は平面 ABC 上を用いて $\overrightarrow{\mathrm{AE}}$ を立式する

↓

2通りで表した $\overrightarrow{\mathrm{AE}}$ から連立方程式を作って解く

↓

$|\overrightarrow{\mathrm{DE}}|$ を求める

＊別解　（3）は「$\overrightarrow{\mathrm{AD}}$ の $\overrightarrow{n_0}$ への正射影ベクトルが $\overrightarrow{\mathrm{ED}}$」と捉えるとラクである。すなわち

$$\overrightarrow{\mathrm{ED}} = \frac{\overrightarrow{\mathrm{AD}} \cdot \overrightarrow{n_0}}{|\overrightarrow{n_0}|^2}\overrightarrow{n_0} = \frac{1 \cdot 1 + 2 \cdot (-1) + (-4) \cdot (-1)}{1^2+(-1)^2+(-1)^2}\overrightarrow{n_0}$$

$$= \overrightarrow{n_0}$$

したがって

$$|\overrightarrow{\mathrm{ED}}| = |\overrightarrow{n_0}| = \sqrt{3}$$

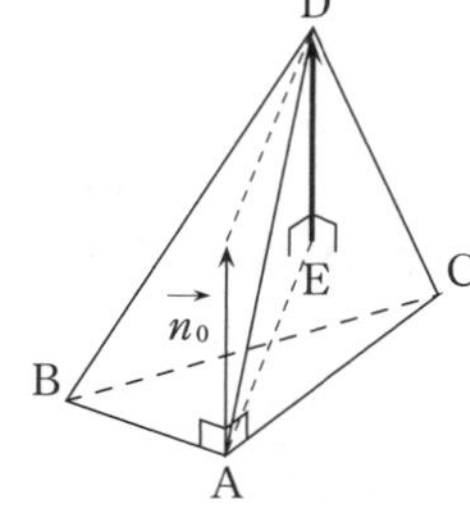

点と平面の距離は
平面の法線ベクトルに着目して求めよう

99 線分の長さの最小値 Lv.★★★

問題は57ページ

考え方 点P，Qが直線 l，m 上より，パラメータを用いて $\overrightarrow{\mathrm{OP}}$，$\overrightarrow{\mathrm{OQ}}$ を表せる。すると $\overrightarrow{\mathrm{PQ}}$ は2つのパラメータを用いて表すことができるから，$|\overrightarrow{\mathrm{PQ}}|^2$ は，この2つのパラメータについての2変数関数となる。

解答

点P，Qはそれぞれ直線 l，m 上の点であるから，実数 t，s を用いて

$$\overrightarrow{\mathrm{OP}}=(3,\ 4,\ 0)+t\vec{a}$$
$$=(3+t,\ 4+t,\ t)$$
$$\overrightarrow{\mathrm{OQ}}=(2,\ -1,\ 0)+s\vec{b}$$
$$=(2+s,\ -1-2s,\ 0)$$

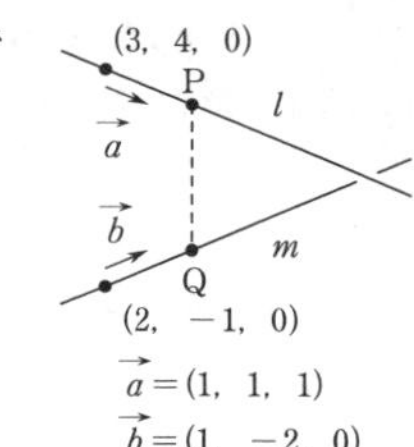

と表せるから

$$\overrightarrow{\mathrm{PQ}}=\overrightarrow{\mathrm{OQ}}-\overrightarrow{\mathrm{OP}}=(s-t-1,\ -2s-t-5,\ -t)$$

$$\therefore\quad |\overrightarrow{\mathrm{PQ}}|^2=(s-t-1)^2+(-2s-t-5)^2+(-t)^2$$
$$=3t^2+2(s+6)t+5s^2+18s+26$$
$$=3\left(t+\frac{s+6}{3}\right)^2+\frac{14}{3}s^2+14s+14$$
$$=3\left(t+\frac{s+6}{3}\right)^2+\frac{14}{3}\left(s+\frac{3}{2}\right)^2+\frac{7}{2}$$

したがって，線分PQは

$$t+\frac{s+6}{3}=0\quad かつ\quad s+\frac{3}{2}=0$$

すなわち

$$s=t=-\frac{3}{2}$$

のとき，**最小値** $\sqrt{\frac{7}{2}}=\frac{\sqrt{14}}{2}$ をとる。 答

Process

$\overrightarrow{\mathrm{OP}}$，$\overrightarrow{\mathrm{OQ}}$ をパラメータを用いて表す

↓

$\overrightarrow{\mathrm{PQ}}$ をパラメータを用いて表す

↓

最小値となる条件を考え，パラメータの値を求める

直線上の点の位置は
パラメータの値で決まる！

第9章	ベクトル

100 折れ線の長さ Lv. ★★★

問題は57ページ

考え方 (1) 点Pから平面αに垂線を下ろし，αとの交点を点Hとすると H は線分 PR の中点だから，まず，$\overrightarrow{OH}$を求める。$\overrightarrow{OH}$は

(ⅰ) $\overrightarrow{PH} /\!/ \vec{n}$　(ⅱ) $\overrightarrow{AH} \perp \vec{n}$

から求めるとよい。

(2) (1)で求めた点Rと平面α上の点Sに対して PS＝RS が成り立つことに着目する。これより，PS＋QS＝RS＋QS であるから，RS＋QS が最小となる点Sの位置を図形的に考える。すると，求める点Sは，直線 QR 上の点であるとわかるだろう。

解答

(1) 点Pから平面αに下ろした垂線と平面αの交点をHとする。

$\overrightarrow{PH} /\!/ \vec{n}$ より

$$\overrightarrow{PH} = k\vec{n} \quad (k\text{は実数})$$

である。また

$$\overrightarrow{OH} = \overrightarrow{OP} + \overrightarrow{PH}$$
$$= (-2,\ 1,\ 7) + k(-3,\ 1,\ 2)$$

$$\therefore \quad \overrightarrow{OH} = (-2-3k,\ 1+k,\ 7+2k) \quad \cdots\cdots①$$

ここで，$\overrightarrow{AH} \perp \vec{n}$ より $\overrightarrow{AH} \cdot \vec{n} = 0$ なので

$$\overrightarrow{AH} \cdot \vec{n} = (\overrightarrow{OH} - \overrightarrow{OA}) \cdot \vec{n}$$
$$= (-3-3k,\ -1+k,\ 3+2k) \cdot (-3,\ 1,\ 2)$$
$$= 14k + 14 = 0$$

$$\therefore \quad k = -1$$

これを①に代入して

$$\overrightarrow{OH} = (1,\ 0,\ 5)$$

である。Hは線分PRの中点なので

$$\overrightarrow{OH} = \frac{\overrightarrow{OP} + \overrightarrow{OR}}{2}$$

$$\therefore \quad \overrightarrow{OR} = 2\overrightarrow{OH} - \overrightarrow{OP} = (4,\ -1,\ 3)$$

よって　R(4, −1, 3) 答

Process

（2）平面αに関して点Q，Rが反対側にあるので

$$PS+QS$$
$$=RS+QS \geqq RQ$$

よって，点Sが直線QR上にあるとき，PS＋QSは最小となる。

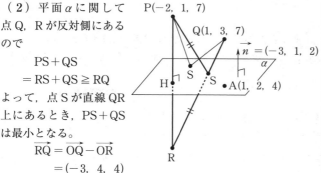

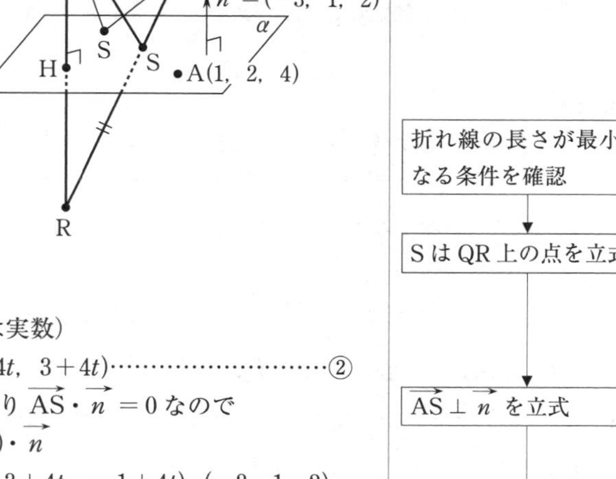

$$\overrightarrow{RQ}=\overrightarrow{OQ}-\overrightarrow{OR}$$
$$=(-3,\ 4,\ 4)$$

より

$$\overrightarrow{OS}=\overrightarrow{OR}+t\overrightarrow{RQ}\ (t\text{ は実数})$$
$$=(4-3t,\ -1+4t,\ 3+4t) \cdots\cdots ②$$

となる。ここで$\overrightarrow{AS}\perp\vec{n}$より$\overrightarrow{AS}\cdot\vec{n}=0$なので

$$\overrightarrow{AS}\cdot\vec{n}=(\overrightarrow{OS}-\overrightarrow{OA})\cdot\vec{n}$$
$$=(3-3t,\ -3+4t,\ -1+4t)\cdot(-3,\ 1,\ 2)$$
$$=21t-14=0$$

$$\therefore\quad t=\frac{2}{3}$$

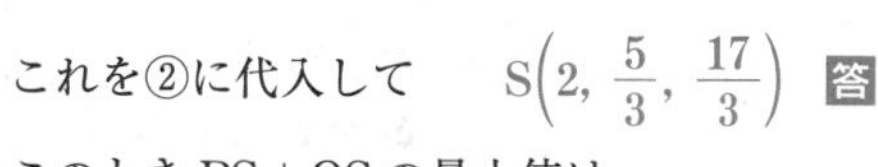

これを②に代入して　$S\left(2,\ \frac{5}{3},\ \frac{17}{3}\right)$ 答

このときPS＋QSの最小値は

$$\sqrt{(4-1)^2+(-1-3)^2+(3-7)^2}=\sqrt{41}$$ 答

折れ線の長さが最小になる条件を確認
↓
SはQR上の点を立式
↓
$\overrightarrow{AS}\perp\vec{n}$ を立式
↓
Sを求める

第1章
第2章
第3章
第4章
第5章
第6章
第7章
第8章
第9章

折れ線の長さの最小値は
対称な点をとり等しい長さをうつして考える

補章　統計的な推測，場合の数と確率（期待値）

1 標本調査と推定 Lv.★★★

問題は58ページ

考え方 （1）標本の平均は，およその平均（仮平均）を考えて計算するとよい。
（3）信頼度95%の信頼区間では，正規分布表で0.4750（$=0.95\div 2$）となるz_0を読み取る。

解答

（1）表1の標本の値から60をひいた値をすべてたすと

$$(-2)+1+(-4)+(-1)+(-8)+2+5+(-1)+8=0$$

$60+\dfrac{0}{9}=60$ より，表1の標本の平均は　60（g）答

（2）表1の標本の分散は

$$\frac{(-2)^2+1^2+(-4)^2+(-1)^2+(-8)^2+2^2+5^2+(-1)^2+8^2}{9}=20$$ 答

また，標準偏差は　$\sqrt{20}=2\sqrt{5}$ 答

（3）$\sigma^2=25$ のとき，m に対する信頼度95%の信頼区間は

$$60-1.96\times\frac{5}{\sqrt{9}}\leqq m\leqq 60+1.96\times\frac{5}{\sqrt{9}}$$

$$56.733\cdots\leqq m\leqq 63.266\cdots$$

小数点第3位を四捨五入して　$56.73\leqq m\leqq 63.27$ 答

（4）$m_1=\dfrac{m-10}{50}$，$\sigma_1{}^2=\left(\dfrac{\sigma}{50}\right)^2=\dfrac{\sigma^2}{2500}$ 答

$\sigma^2=25$ のとき，m_1 に対する信頼度95%の信頼区間は

$$\frac{60-10}{50}-1.96\times\frac{1}{50}\times\frac{5}{\sqrt{9}}\leqq m_1\leqq\frac{60-10}{50}+1.96\times\frac{1}{50}\times\frac{5}{\sqrt{9}}$$

$$0.934\cdots\leqq m_1\leqq 1.065\cdots$$

小数点第3位を四捨五入して　$0.93\leqq m_1\leqq 1.07$ 答

（5）n 個の卵を抽出したときの標本の平均を $\overline{Y}$ とすると

$$\overline{Y}+1.96\times\frac{5}{\sqrt{n}}-\left(\overline{Y}-1.96\times\frac{5}{\sqrt{n}}\right)\leqq 5$$

$$2\times 1.96\times\frac{5}{\sqrt{n}}\leqq 5\qquad \sqrt{n}\geqq 3.92\qquad n\geqq 15.3664$$

よって，求める n の最小値は　16 答

Process

標本の平均$\overline{X}$を求める

↓

母分散がσ^2の母集団から大きさnの標本を抽出するとき，母平均mに対する信頼度95%の信頼区間を$C_1\leqq m\leqq C_2$とおくと

$$C_1=\overline{X}-1.96\times\frac{\sigma}{\sqrt{n}}$$

$$C_2=\overline{X}+1.96\times\frac{\sigma}{\sqrt{n}}$$

核心はココ！

信頼区間は，正規分布表を用いて
求められるようにしておこう

2 期待値① Lv.★★★

問題は60ページ

考え方 n試合目で優勝が決まるのは，$(n-1)$試合目までに2勝し，n試合目で勝つ場合である。

（3）余事象は「5試合目で優勝が決まる」という事象ではないことに注意しよう。

（4）まず行われる可能性がある試合数を考えよう。

解答

（1）3試合目でAが優勝するのは，Aが3連勝する場合であり，その確率はp^3である。3試合目でBが優勝する場合も同様に考えて，求める確率は　p^3+q^3 答 ……………………… ①

（2）5試合目でAが優勝するのは，4試合目までにAが2勝し，5試合目でAが勝つ場合であり，その確率は

$${}_4C_2p^2(1-p)^2\times p=6p^3(1-p)^2$$

5試合目でBが優勝する場合も同様に考えて，求める確率は

$6p^3(1-p)^2+6q^3(1-q)^2$ 答 ……………………… ②

（3）4試合目で優勝が決まる確率は，（2）と同様に考えて

$${}_3C_2p^2(1-p)\times p+{}_3C_2q^2(1-q)\times q$$
$$=3p^3(1-p)+3q^3(1-q) \quad \cdots\cdots ③$$

したがって，5試合目までに優勝が決まる確率は，$p=q=\dfrac{1}{3}$を①～③に代入して　$\dfrac{2}{27}+\dfrac{16}{81}+\dfrac{4}{27}=\dfrac{34}{81}$

よって，求める確率は，余事象を考えて　$1-\dfrac{34}{81}=\dfrac{47}{81}$ 答

（4）$p=q=\dfrac{1}{2}$のとき，引き分けはないので，試合数は3，4，5のいずれかである。よって，$p=q=\dfrac{1}{2}$を①～③に代入して期待値を求めると　$3\cdot\dfrac{1}{4}+4\cdot\dfrac{3}{8}+5\cdot\dfrac{3}{8}=\dfrac{33}{8}$ 答

Process

3試合目で優勝が決まる確率を求める
↓
5試合目で優勝が決まる確率を求める
↓
4試合目で優勝が決まる確率を求め，余事象の確率（5試合目までに優勝が決まる確率）を計算する

変量のとり得る値を押さえる
↓
これらの値をとる確率を求め，期待値を計算する

期待値を求めるときは
まず変量のとり得る値を押さえよう

3 期待値② Lv.★★★

問題は61ページ

考え方 （1）（2）まず可能性がある得点を考えよう。このとき，表を利用するとよい。（3）最初の目が小さい場合は2回目を振った方がよさそうで，大きい場合は2回目を振らない方がよさそうなことは，（2）の結果からもわかるだろう。そこで，最初の目がn（$n=1,\ 2,\ \cdots,\ 6$）以上のときに2回目を振らないとして，期待値の大小を比較しよう。このとき，期待値の差を考えると計算が簡単になる。

解答

（1）つねに2回振るとき，得点表は次のようになる。

よって，求める期待値は

$$2\cdot\frac{1}{36}+3\cdot\frac{2}{36}+4\cdot\frac{3}{36}+5\cdot\frac{4}{36}+6\cdot\frac{5}{36}=\frac{35}{18}$$ 答

2回目の目

最初の目 ＼ 2回目の目	1	2	3	4	5	6
1	2	3	4	5	6	0
2	3	4	5	6	0	0
3	4	5	6	0	0	0
4	5	6	0	0	0	0
5	6	0	0	0	0	0
6	0	0	0	0	0	0

（2）最初の目が6のとき，2回目を振らないので6点である。このことを，次の得点表の色をつけた部分のように表す。

（1）の得点表との違いは色をつけた部分なので，求める期待値は

$$\frac{35}{18}+6\cdot\frac{6}{36}=\frac{53}{18}$$ 答

2回目の目

最初の目 ＼ 2回目の目	1	2	3	4	5	6
1	2	3	4	5	6	0
2	3	4	5	6	0	0
3	4	5	6	0	0	0
4	5	6	0	0	0	0
5	6	0	0	0	0	0
6	6	6	6	6	6	6

（3）（1），（2）の結果より，つねに2回振るときを除いて考えてよい。最初の目がn（$n=1,\ 2,\ \cdots,\ 6$）以上のときに2回目を振らないとし，このときの得点の期待値を$E(n)$とすると，（2）で求めた期待値は$E(6)$である。

$n=5$のときの得点表は次のようになり，（2）の$n=6$のときの得点表との違いは色をつけた部分である。

Process

表を利用して，変量のとり得る値を押さえる

↓

これらの値をとる確率を求め，期待値を計算する

↓

（1）との違いに注目して，期待値を計算する

↓

（2）の結果を利用する

したがって

$$E(5)-E(6)$$

$$=\frac{1}{36}(5\cdot 6-6)$$

$$=\frac{24}{36}>0$$

同様にして

2回目の目

最初の目	1	2	3	4	5	6
1	2	3	4	5	6	0
2	3	4	5	6	0	0
3	4	5	6	0	0	0
4	5	6	0	0	0	0
5	5	5	5	5	5	5
6	6	6	6	6	6	6

$$E(4)-E(5)=\frac{1}{36}\{4\cdot 6-(5+6)\}=\frac{13}{36}>0$$

$$E(3)-E(4)=\frac{1}{36}\{3\cdot 6-(4+5+6)\}=\frac{3}{36}>0$$

$$E(2)-E(3)=\frac{1}{36}\{2\cdot 6-(3+4+5+6)\}=-\frac{6}{36}<0$$

$$E(1)-E(2)=\frac{1}{36}\{1\cdot 6-(2+3+4+5+6)\}$$

$$=-\frac{14}{36}<0$$

よって

$$E(1)<E(2)<E(3),\ E(3)>E(4)>E(5)>E(6)$$

であるから，$n=3$ のとき得点の期待値は最大となる。つまり，最初の目が3以上のときに2回目を振らない方がよいので，求める2回目を振る範囲は2以下である。 答

> $E(n)$ が最大となる n を隣り合う2数の差
> $E(k)-E(k+1)$
> で考える

別解 (3)は，次のように得点の期待値を計算してから，大小を比較してもよい。

$$E(5)=2\cdot\frac{1}{36}+3\cdot\frac{2}{36}+4\cdot\frac{3}{36}+5\cdot\frac{10}{36}+6\cdot\frac{10}{36}=\frac{130}{36}$$

$$E(4)=2\cdot\frac{1}{36}+3\cdot\frac{2}{36}+4\cdot\frac{9}{36}+5\cdot\frac{9}{36}+6\cdot\frac{9}{36}=\frac{143}{36}$$

$$E(3)=2\cdot\frac{1}{36}+3\cdot\frac{8}{36}+4\cdot\frac{8}{36}+5\cdot\frac{8}{36}+6\cdot\frac{8}{36}=\frac{146}{36}$$

$$E(2)=2\cdot\frac{7}{36}+3\cdot\frac{7}{36}+4\cdot\frac{7}{36}+5\cdot\frac{7}{36}+6\cdot\frac{7}{36}=\frac{140}{36}$$

$$E(1)=1\cdot\frac{6}{36}+2\cdot\frac{6}{36}+3\cdot\frac{6}{36}+4\cdot\frac{6}{36}+5\cdot\frac{6}{36}+6\cdot\frac{6}{36}=\frac{126}{36}$$

最大となる n は
隣り合う2数の差をとって考えよう

MEMO

MEMO

MEMO

MEMO

〉書籍のアンケートにご協力ください〈

抽選で**図書カード**を

プレゼント！

文系数学 入試の核心 新課程増補版

初版第１刷発行	2008 年 7 月 1 日
改訂版第１刷発行	2014 年 3 月 10 日
新課程増補版第１刷発行	2024 年 3 月 1 日
編者	Ｚ会編集部
発行人	藤井孝昭
発行	Ｚ会
	〒 411-0033 静岡県三島市文教町 1-9-11
	【販売部門:書籍の乱丁・落丁・返品・交換・注文】
	TEL 055-976-9095
	【書籍の内容に関するお問い合わせ】
	https://www.zkai.co.jp/books/contact/
	【ホームページ】
	https://www.zkai.co.jp/books/
装丁	河井宜行・熊谷昭典
印刷・製本	株式会社 リーブルテック

ISBN 978-4-86531-593-6 C7041